同济博士论丛
TONGJI Dissertation Series
总主编 伍 江 副总主编 雷星晖

李 超 杨守业 著

长江入海沉积物中的Fe循环过程 与环境示踪意义

Iron Cycle of the Changjiang Sediment and Its
Environmental Significance

同济大学 出版社
TONGJI UNIVERSITY PRESS

内 容 提 要

　　本书通过多种分析技术结合的方式,研究长江水系沉积物中 Fe 元素在时空上的变化特征。以 Fe 元素作为具有普遍性意义的"标识物"或环境替代性指标,从河流沉积物质"源—汇"过程入手,研究其在流域风化剥蚀、河流搬运入海过程中的地球化学循环特征,及其对流域风化环境的响应。

　　本书的主要成果对今后深化长江沉积地球化学研究,尤其是从全球变化和地球系统科学的角度,将长江流域、河口及陆架海作为一个整体,开展系统的陆源入海物质的"源—汇"过程及其环境效应研究具有重要意义。

图书在版编目(CIP)数据

　　长江入海沉积物中的 Fe 循环过程与环境示踪意义 /
李超,杨守业著. —上海:同济大学出版社,2018.11
　　(同济博士论丛 / 伍江总主编)
　　ISBN 978-7-5608-8212-3

　　Ⅰ. ①长… Ⅱ. ①李… ②杨… Ⅲ. ①长江口-沉积
物-研究 Ⅳ. ①P737.12

　　中国版本图书馆 CIP 数据核字(2018)第 248876 号

长江入海沉积物中的 Fe 循环过程与环境示踪意义

李 超　杨守业　著

出 品 人　华春荣　　责任编辑　葛永霞　卢元姗
责任校对　徐逢乔　　封面设计　陈益平

出版发行　同济大学出版社　　www.tongjipress.com.cn
　　　　　(地址:上海市四平路1239号　邮编:200092　电话:021-65985622)
经　　销　全国各地新华书店
排版制作　南京展望文化发展有限公司
印　　刷　浙江广育爱多印务有限公司
开　　本　787 mm×1092 mm　　1/16
印　　张　15.25
字　　数　305 000
版　　次　2018 年 11 月第 1 版　　2018 年 11 月第 1 次印刷
书　　号　ISBN 978-7-5608-8212-3

定　　价　108.00 元

"同济博士论丛"编写领导小组

"同济博士论丛"编辑委员会

总 主 编：伍 江

副 总 主 编：雷星晖

编委会委员：（按姓氏笔画顺序排列）

袁万城　莫天伟　夏四清　顾　明　顾祥林　钱梦騄
徐　政　徐　鉴　徐立鸿　徐亚伟　凌建明　高乃云
郭忠印　唐子来　阎耀保　黄一如　黄宏伟　黄茂松
戚正武　彭正龙　葛耀君　董德存　蒋昌俊　韩传峰
童小华　曾国苏　楼梦麟　路秉杰　蔡永洁　蔡克峰
薛　雷　霍佳震

秘书组成员：谢永生　赵泽毓　熊磊丽　胡晗欣　卢元姗　蒋卓文

总　序

在同济大学110周年华诞之际,喜闻"同济博士论丛"将正式出版发行,倍感欣慰。记得在100周年校庆时,我曾以《百年同济,大学对社会的承诺》为题作了演讲,如今看到付梓的"同济博士论丛",我想这就是大学对社会承诺的一种体现。这110部学术著作不仅包含了同济大学近10年100多位优秀博士研究生的学术科研成果,也展现了同济大学围绕国家战略开展学科建设、发展自我特色,向建设世界一流大学的目标迈出的坚实步伐。

坐落于东海之滨的同济大学,历经110年历史风云,承古续今、汇聚东西,秉持"与祖国同行、以科教济世"的理念,发扬自强不息、追求卓越的精神,在复兴中华的征程中同舟共济、砥砺前行,谱写了一幅幅辉煌壮美的篇章。创校至今,同济大学培养了数十万工作在祖国各条战线上的人才,包括人们常提到的贝时璋、李国豪、裘法祖、吴孟超等一批著名教授。正是这些专家学者培养了一代又一代的博士研究生,薪火相传,将同济大学的科学研究和学科建设一步步推向高峰。

大学有其社会责任,她的社会责任就是融入国家的创新体系之中,成为国家创新战略的实践者。党的十八大以来,以习近平同志为核心的党中央高度重视科技创新,对实施创新驱动发展战略作出一系列重大决策部署。党的十八届五中全会把创新发展作为五大发展理念之首,强调创新是引领发展的第一动力,要求充分发挥科技创新在全面创新中的引领作用。要把创新驱动发展作为国家的优先战略,以科技创新为核心带动全面创新,以体制机制改革激发创新活力，以高效率的创新体系支撑高水平的创新型国家建设。作为人才培养和科技创新的重要平台，大学是国家创新体系的重要组成部分。同济大学理当围绕国家战略目标的实现，作出更大的贡献。

　　大学的根本任务是培养人才，同济大学走出了一条特色鲜明的道路。无论是本科教育、研究生教育，还是这些年摸索总结出的导师制、人才培养特区，"卓越人才培养"的做法取得了很好的成绩。聚焦创新驱动转型发展战略，同济大学推进科研管理体系改革和重大科研基地平台建设。以贯穿人才培养全过程的一流创新创业教育助力创新驱动发展战略，实现创新创业教育的全覆盖，培养具有一流创新力、组织力和行动力的卓越人才。"同济博士论丛"的出版不仅是对同济大学人才培养成果的集中展示，更将进一步推动同济大学围绕国家战略开展学科建设、发展自我特色、明确大学定位、培养创新人才。

　　面对新形势、新任务、新挑战，我们必须增强忧患意识，扎根中国大地，朝着建设世界一流大学的目标，深化改革，勠力前行！

万　钢

2017 年 5 月

论丛前言

　　承古续今，汇聚东西，百年同济秉持"与祖国同行、以科教济世"的理念，注重人才培养、科学研究、社会服务、文化传承创新和国际合作交流，自强不息，追求卓越。特别是近 20 年来，同济大学坚持把论文写在祖国的大地上，各学科都培养了一大批博士优秀人才，发表了数以千计的学术研究论文。这些论文不但反映了同济大学培养人才能力和学术研究的水平，而且也促进了学科的发展和国家的建设。多年来，我一直希望能有机会将我们同济大学的优秀博士论文集中整理，分类出版，让更多的读者获得分享。值此同济大学 110 周年校庆之际，在学校的支持下，"同济博士论丛"得以顺利出版。

　　"同济博士论丛"的出版组织工作启动于 2016 年 9 月，计划在同济大学 110 周年校庆之际出版 110 部同济大学的优秀博士论文。我们在数千篇博士论文中，聚焦于 2005—2016 年十多年间的优秀博士学位论文 430 余篇，经各院系征询，导师和博士积极响应并同意，遴选出近 170 篇，涵盖了同济的大部分学科：土木工程、城乡规划学（含建筑、风景园林）、海洋科学、交通运输工程、车辆工程、环境科学与工程、数学、材料工程、测绘科学与工程、机械工程、计算机科学与技术、医学、工程管理、哲学等。作为"同济博士论丛"出版工程的开端，在校庆之际首批集中出版 110 余部，其余也将陆续出版。

　　博士学位论文是反映博士研究生培养质量的重要方面。同济大学一直将立德树人作为根本任务，把培养高素质人才摆在首位，认真探索全面提高博士研究生质量的有效途径和机制。因此，"同济博士论丛"的出版集中展示同济大学博士研究生培养与科研成果,体现对同济大学学术文化的传承。

"同济博士论丛"作为重要的科研文献资源,系统、全面、具体地反映了同济大学各学科专业前沿领域的科研成果和发展状况。它的出版是扩大传播同济科研成果和学术影响力的重要途径。博士论文的研究对象中不少是"国家自然科学基金"等科研基金资助的项目,具有明确的创新性和学术性,具有极高的学术价值,对我国的经济、文化、社会发展具有一定的理论和实践指导意义。

"同济博士论丛"的出版,将会调动同济广大科研人员的积极性,促进多学科学术交流、加速人才的发掘和人才的成长,有助于提高同济在国内外的竞争力,为实现同济大学扎根中国大地,建设世界一流大学的目标愿景做好基础性工作。

虽然同济已经发展成为一所特色鲜明、具有国际影响力的综合性、研究型大学,但与世界一流大学之间仍然存在着一定差距。"同济博士论丛"所反映的学术水平需要不断提高,同时在很短的时间内编辑出版110余部著作,必然存在一些不足之处,恳请广大学者,特别是有关专家提出批评,为提高同济人才培养质量和同济的学科建设提供宝贵意见。

最后感谢研究生院、出版社以及各院系的协作与支持。希望"同济博士论丛"能持续出版,并借助新媒体以电子书、知识库等多种方式呈现,以期成为展现同济学术成果、服务社会的一个可持续的出版品牌。为继续扎根中国大地,培育卓越英才,建设世界一流大学服务。

伍 江

2017 年 5 月

前　言

　　东亚边缘海发育宽广的大陆架,接纳了大量河流入海陆源物质,晚第四纪以来,海陆相互作用强烈,因此成为国际海洋科学研究的热点。长江作为发源于青藏高原并注入东亚边缘海的最大河流,每年携带大量泥沙入海,对边缘海沉积过程与生物地球化学循环有重要的影响。除此之外,独特的地质、地理和气候条件,使得长江流域盆地成为沉积物源汇研究的理想场所。本书由Fe元素入手,从多种研究方法交叉研究的角度,讨论长江沉积物中不同相态Fe在时间和空间上的分布特征,探索长江水系颗粒态Fe的循环特征与从源到汇的过程。

　　由于Fe在海洋浮游植物生长方面的限制作用,地表低温Fe循环过程研究是当前科学研究的热点。本书采用分步萃取的化学相态分析法,结合环境磁学、漫反射光谱学等方法,提取长江沉积物中不同相态的Fe,通过对比沉积物中Fe的组成在不同干、支流的空间分布特征,以及不同季节沉积物中Fe的组成差异,进而探索长江入海沉积物的源汇过程中"物源"是否稳定。

　　分析结果显示,长江上游和中下游水系沉积物具有不同的Fe化学相态组成。受源岩组成、水动力分选和化学风化的影响,长江上游,尤其是金沙江颗粒物中的 Fe 主要以不活跃的 Fe_U 形式存在,高活性 Fe(Fe_{HR})较低;而中下游悬浮物中的 Fe_{HR} 含量相对较高,Fe_U 含量较低。南通季节性样品也表现出明显差异,汛期样品中,Fe_U 比例较高,而枯季时 Fe_{HR} 比例较高。推测这种季节性变化主要与东亚夏季风控制下流域雨带迁移造成的下游干流沉积物来源改变有关。汛期时,长江上游物质对入海沉积物贡献较多,而枯季时中下游源区贡献增多;同时,三峡大坝的建设加剧了这一季节性差异,枯水期上游物质大量截留在三峡库区,对下游影响相对较弱。在此基础上,本书尝试提出使用不同化学相态 Fe 的参数组合来指示长江入海沉积物来源,该方法将为今后从源到汇的研究提供新的思路。

环境磁学分析结果表明,长江流域干、支流沉积物的环境磁学特征主要反映了当地含铁矿物的组成,受粒度影响较小。χ 和 SIRM 的变化显示,在长江上游,尤其是在金沙江流域的攀枝花地区,亚铁磁性矿物(主要是磁铁矿)含量较多,宜宾以下,亚铁磁性矿物含量逐渐降低。$\chi_{fd}\%$ 在整个长江流域基本小于 5%,显示超顺磁颗粒较少。自上游至下游,$\chi_{fd}\%$ 逐渐升高,反映了整个流域内风化逐渐加强。S_{-100} 在上游河流沉积物中含量较低,而在中下游含量较高,说明亚铁磁性矿物在下游样品中所占比例更大。HIRM 结果显示,上游不完整反铁磁性矿物含量较高,而中下游较低。不同磁学参数反映出南通样品的季节性变化规律也不同。SIRM 和 S_{-100} 表现的季节性差异与长江流域降雨的区域性特征较吻合,汛期时表现出较多上游沉积物特征,而枯季时则反映更多下游沉积物的特征。相比整个流域 χ 和 $\chi_{fd}\%$ 的变化,南通季节性 χ 和 $\chi_{fd}\%$ 的波动很大,尤其是 $\chi_{fd}\%$ 的变化范围明显高于流域平均范围,推测与长江中下游地区成土作用较强、大量次生的超顺磁颗粒产生有关。

漫反射光谱一阶导数特征峰高指示的长江沉积物赤铁矿和针铁矿

变化显示,在长江流域内,干流样品赤铁矿含量变化不大,上游支流如雅砻江、大渡河、岷江等赤铁矿含量较低。干流样品针铁矿也没有明显差别,支流样品表现出较大差异,上游支流针铁矿含量较低,中下游支流针铁矿含量较高。季节性样品分析结果显示,赤铁矿在全年内波动不大,8月份和9月份含量最高;针铁矿的变化刚好相反。推测产生这种变化的主要原因同样与沉积物来源变化有关。

本书利用不同研究方法来研究长江沉积物中 Fe 从源到汇的过程的时空变化特征。尽管分析参数不同,但根本上反映的还是沉积物中含铁矿物组成特征。对比发现,不同参数的指示意义既有相似性,例如 Fe_{PR}、χ 和 SIRM,又存在差异,例如 Fe_{HR} 和 HIRM 等。因而在长江沉积物 Fe 的从源到汇的研究中,方法的选择非常关键,单一分析方法得到的结论往往并不可靠,多种参数之间相互验证则非常必要。

除此之外,本书还根据现代长江沉积物和冲绳海槽钻孔沉积物 U 系同位素比值,探索性地计算了河流和海洋沉积物搬运时间。其中,重庆和南通长江悬浮物搬运时间计算结果分别为 26 kyr 和 78 kyr。冲绳海槽中部钻孔 DGKS9604 的搬运时间与前人对该钻孔 28 kyr 以来沉积物物源研究的结论吻合较好,验证了之前对该钻孔物质来源变化的推断。该钻孔沉积时间介于 28～14 kyr 的沉积物,搬运时间约为 300 kyr,且随沉积时间变年轻而逐渐变短。较长的搬运时间暗示了这些沉积物可能经历了多个沉积旋回才最终在边缘海沉积。因此,今后的边缘海沉积物源汇过程研究中,一定要谨慎考虑沉积物来源、搬运年龄、沉积时间等不同时空尺度的相互作用。

长江沉积物所反映的流域表生环境中 Fe 循环是一个相当复杂的过程。对于长江这种大河流域,沉积物中 Fe 组成在时空上有明显差异。个别采样点样品和单一分析方法,很难完整揭示长江流域低温沉积 Fe

循环特征。在长江流域复杂的自然背景下,再加上流域越来越强烈的人类活动,要真正解译 Fe 元素在长江这种大河流域的地球化学行为规律,还需要更深入的综合研究。

目　录

第 1 章

低温 Fe 循环的研究现状

1.1 研究背景

当前国际全球变化研究的一个热点便是铁(Fe)的生物地球化学循环及其环境效应。1988 年,美国海洋科学家 John Martin 通过研究海洋浮游植物对海水中微量元素的影响,发现 Fe 元素可以有效地控制海洋的初级生产力,进而影响和控制全球气候(Martin 和 Fitzwater,1988)。1990 年,John Martin 在杂志《Paleoceanography》上提出了著名的"iron hypothesis(铁假说)"(Martin,1990),认为海洋中某些特定的区域,如南北太平洋中部,表层海水含有较高的有机氮,但浮游植物的生产量却非常低,并将这种海域定义为"高营养盐低叶绿素"海域(HNLC —— High Nutrient,Low Chlorophyll)。另一方面,John Martin 还发现南极冰芯记录中 Fe 的含量明显与大气 CO_2 浓度呈相反的变化趋势。即当冰芯中 Fe 含量高的时候,大气 CO_2 浓度较低,反之大气 CO_2 浓度较高(图 1-1)。John Martin 认为造成这一现象的根本原因,是由于海水中缺乏限制性元素 Fe。在此基础上,他创造性地提出"铁假说",并形象地表述为"给我一小罐铁,我可以还你一个冰期"。

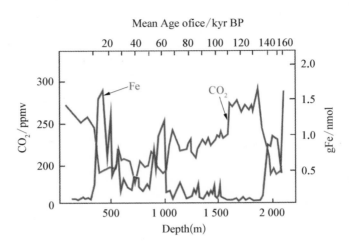

图 1-1　南极冰芯中 Fe 与 CO₂ 的关系（Martin，1990）

　　大量实验证明，Fe 虽然不能直接参与浮游植物光合作用，但 Fe 可以参与形成促进浮游植物光合作用的酶。随着研究的深入，人们逐渐发现溶解态的铁对浮游植物的生长，尤其是叶绿素的光合作用有很强的控制作用（Coale 等，1996；Hutchins 等，1998；Flynn 和 Hipkin，1999；Geider，1999）。Fe 是地壳最主要组成元素之一，在地壳中的含量为 6.7%（以 FeO 计，Rudnick 和 Gao，2003）。但表层海水中溶解的 Fe 非常少（Jickells，1999；Jickells 和 Spokes，2001），一般低于 1 nmol/L（Boyd 等，2000；Takata 等，2004）。一般情况下，陆架和近海区域由于陆源物质供应充足，海水中铁元素的浓度较高（Martin 和 Gordon，1988），而开阔大洋铁元素的补充主要依赖风力搬运的沙尘提供，因而海水中铁的浓度较低（Duce 等，1991）。

　　为了验证"铁假说"，1993 年—2002 年，不同学者先后在这些 HNLC 海域通过喷洒含铁的盐类（通常为硫酸铁），检测海水叶绿素的含量。其中，1995 年，进行的第二次铁盐释放实验（IronEx II）发现，施加了"铁肥"的水域，海水颜色明显由蓝色变为绿色，浮游植物的浓度呈数十倍的增加,该实验有力地证明了 Fe 在促进浮游植物生长过程中的重要性(Coale 等,1996a;Price 和 Morel,1998)。2001 年和 2002 年,日本科学家和美国科学家又陆续在西北太平洋(Kinugasa 等,2005;Yoshie 等,2005)和南太平洋开展了类似实验(Coale 等,1996b;Falkowski,2002),都取得了明显的成效。

Markels 和 Barbe(2001)通过计算,表明在 5 000 平方英里的 HNLC 海域内喷洒铁肥,20 d 内可以吸收高达 60 万～200 万 t CO_2,这相当于陆地上 1 000 英亩森林 40 年的贡献。除此之外,当浮游植物生命终结时,硅质颗粒沉入海洋底部,以"生物泵"的形式将 CO_2 埋藏在深海,这一过程可以有效降低表层海水和大气中 CO_2 的浓度(Murata 等,2002;Takeda 和 Tsuda,2005)。以上一系列的实验说明,"铁假说"已经成为一条行之有效的降低大气 CO_2 浓度的新方法。

最近的十几年里,以美国 Woods Hole 研究所一批专家为代表的科学家在 *Nature* 和 *Science* 等刊物上发表了一系列的大洋铁盐试验最新研究成果,将全球海洋 Fe 循环研究推向了海洋科学的最前沿(Coale 等,1996a;Boyd 等,2000;Buesseler 和 Boyd,2003;Boyd 等,2004;Buesseler 等,2004;Coale 等,2004;Boyd 等,2007;Buesseler 等,2008)。

2003 年 4 月,海洋微量元素研究计划(GeoTraces)组织在法国图卢兹正式成立,该组织旨在全球范围内,研究各种微量元素及其同位素的生物地球化学循环过程。其中一个重要的研究方向就是各种营养盐限制元素的地球化学行为(表 1-1),而 Fe 因为参与了各种生物地球化学过程而成为关注的焦点之一(Taylor 和 Konhauser,2011;GeoTraces,2006)。在过去几年的 Goldschmidt 国际地球化学会议与 AGU 美国地球物理年会上,都设有专题来讨论地球表生环境的 Fe 循环,取得相当多的新认识。2011 年 4 月的 *Elements* 杂志,更是推出了一期地球表面 Fe

循环过程的专刊。

  本书正是在全球环境变化的研究背景下,以地球系统科学的理念,借鉴"从源到汇"的研究思路,选择我国第一大河也是发源于青藏高原地区的最大河流——长江,系统地调查研究长江水系沉积物中 Fe 元素的各种化学相态和矿物组成在时间、流域空间上的分布规律,探讨长江入海沉积物中低温 Fe 的地球化学循环过程、控制因素及其环境意义。同时,作为东亚边缘海中 Fe 的主要来源,本书提供的河流陆源碎屑颗粒 Fe 的分析结果也将为全球大洋 Fe 循环过程提供了重要的背景资料。

表 1-1 重要生物地球化学过程及参与元素(GeoTraces, 2006)

生物地球化学过程	参 与 元 素
Carbon fixation	Fe, Mn
CO$_2$ concentration/acquisition	Zn, Cd, Co
SiSlica uptake - large diatoms	Zn, Cd, Se
Calcifiers - coccolithophores	Co, Zn
N$_2$ fixation	Fe, Mo (? V)
Denitrification	Cu, Fe, Mo
Nitrification	Cu, Fe, Mo
Methane oxidation	Cu
Remineralisation pathways	Zn, Fe
Organic N utilisation	Fe, Cu, Ni
Organic P utilisation	Zn
Formation of volatile species	Fe, Cu, V
Synthesis of photopigments	Fe and others
Toxicity	Cu, As (? Cd, Pb)

1.2　全球河流沉积 Fe 循环与从源到汇的研究现状

1.2.1　国际"从源到汇"的研究思路的提出和发展

边缘海位于海洋和大陆之间,边缘海的地质过程对于了解海陆的相互作用、物质及能量的交换具有重要意义。目前,几个重大的国际地球科学合作组织或研究计划,如国际岩石圈计划(ILP)、大洋钻探(DSDP、ODP、IODP)、海岸带陆海相互作用(LOICZ)、海洋微量元素计划(GeoTraces)以及国际大陆边缘计划(NSF MARGINS Program)等都把边缘海各种地质过程作为重要的研究内容。

早在 1988 年,美国自然科学基金会(NSF)就开始酝酿 MARGINS 计划。一直到 1998 年,MARGINS 指导委员会才开始组织实施详细计划。该计划旨在实质性地了解大陆边缘地貌、沉积和地层过程,并为未来大陆边缘沉积作用的研究提供了指导方向。

2001 年 7 月,MARGINS 指导委员会明确了"从源到汇"计划的核心目标主要解决 3 个方面的问题(李铁刚等,2003):① 扩散系统中沉积物和溶质生成速率的控制因素;② 搬运作用如何控制沉积物搬运幅度、粒度大小和速率;③ 地层记录中的沉积物产生、搬运和堆积作用是如何改变的。

在全球范围内从源到汇的研究广泛开展的同时,亚洲大陆边缘的源到汇过程的研究越来越受到各国学者的重视。2002 年 3 月,在与 InterMargins 计划合作的基础上,日本提出了"亚洲三角洲:演变与近代变化"计划。2002 年 11 月,IODP 评估小组(iSSEP)经过讨论认为,大陆边缘"从源到汇"的沉积作用将是 IODP 未来工作的一个重要研究方向,而如何选择典型的研究区域将是系统地研究从源到汇过程的关键。同时,此次会议明确提出将中国大陆边缘的沉积扩散系统列为未来研究的重要区域之一(李铁刚等,2003)。

2003 年,美国自然科学基金会公布《洋陆边缘科学计划 2004》,详细叙述了美国"洋陆边缘计划"(MARGINS Program)的研究方向、科学问题、研究方法和关键工作地点选择。计划书中明确提出了 4 个研究方向,分别是大陆岩石圈裂解(Rupturing Continental Lithosphere)、俯冲带工厂(物质转换)(Subduction Factory)、地震带实验(Seismogenic Zone Experiment)和源—汇系统(Source-to-Sink,简称为 S2S)(高抒,2005)。其中第 4 个研究方向"源—汇系统"认为,地表侵蚀是塑造地貌和产生沉积物的根本原因。沉积物的堆积又导致堆积平原、海岸以及三角洲和大陆架的形成。沉积物和溶解离子从源到汇的搬运过程是元素在生态系统地球化学循环的重要环节(图 1-2)。"从源到汇"研究方法的提出,主要目的在于解决以下 3 个问题: ① 构造运动、气候、海平面升降是如何控制沉积物及溶解离子源-汇过程中产生、搬运和堆积等环节

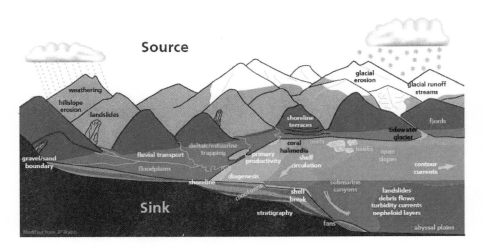

图 1-2 陆源物质从源到汇过程示意图(MARGINS, 2003)

的;② 什么事件诱发了侵蚀和搬运过程,侵蚀和搬运产生后对这些事件的反馈又是什么;③ 沉积过程,沉积物通量及长尺度的板块运动和海平面升降在底层中的记录是如何反映全球气候变化历史的。

2005 年,国际地圈生物圈组织(IGBP - II)在其"海岸带陆海相互作用计划(LOICZ - II)"中提出"流域盆地—海岸带相互作用研究",强调从流域到陆架再到深海,系统地探索生物地球化学循环过程(杨守业,2006)。美国 NSF 提出的 MARGINS 计划中 S2S 项目经过 12 年的发展,已经于 2010 年结束。目前,NSF 又成立了一个新的为期 12 年的研究计划"GeoPrism",从 2010 年 10 月 1 日起正式执行。该计划在 MARGINS 研究的基础上,力求通过多学科多机构的协作,调查大陆边缘的起源和演化过程。具体包括两个核心研究子计划,即板块形变过程及俯冲造成的物质循环(SCD)和大陆断裂过程(RIE)(GeoPRISMS,2010)。

2011 年 1 月 24—27 日,由 S2S 计划发起人和主要倡导者 Charles Nittrouer 建议,在美国加州 Oxnard 召开了"源-汇系统"总结会议,来自全球 10 多个国家的近 150 位代表参加了会议。与会者一致认为 NSF - S2S 研究取得了丰硕的成果,基本了解了沉积物从陆地到海洋的扩散规律,并通过理论和实际观测验证了这些规律。同时,大会也认为,虽然 S2S 计划已经结束,但这种从源到汇的研究思路应该继续下去。在今后工作中,将综合借鉴 S2S 研究成果,从多学科角度深化研究地表物质交换的基本问题(http://www.agu.org/meetings/chapman/2011/acall/index.php)。

经过 20 多年的发展,"从源到汇"研究思想已经在海陆相互作用,尤其是河口地区海洋沉积学研究中,得到广泛认可。陆地和海洋过程之间复杂的相互作用关系是地球系统研究中一个长期性的主题。大陆边缘沉积层记录着全球海平面变化、气候变化、大洋环流、地球化学循环、有机生产力和沉积物补给等重要信息。

正如高抒(2005)所言,现代海洋地质科学的重点已经从区域特征的刻画转向"过程"和"方法"的研究。传统的"从源到汇"的研究过程中,我们往往比较重视"源"和"汇"两个相对独立的环节,但源-汇之间是一个动态平衡的过程,需要强调"过程"的研究,本书正是在这种背景下,从时间和空间的角度,以 Fe 为指标讨论长江沉积物搬运过程、沉积物再旋回以及人类活动对沉积物运移的影响等。最后,探索性地利用同位素方法尝试计算沉积物从源到汇的搬运时间,为长江沉积物从源到汇研究提出了新的挑战。

1.2.2 世界主要河流的 Fe 循环的研究回顾

关于河流中 Fe 的循环,最早可以追溯到 Gibbs(1973)的研究。1973 年,Ronald Gibbs 在 *Nature* 上首次报道了亚马孙河和育空河(Yukon)各过渡金属的含量,并将各种金属划分为溶解态、离子交换态、有机物结合态、metallic coatings 和晶体态。结果表明两条河流过渡金属分布相似,Cu 和 Cr 主要以晶体态搬运,Mn 以多金属包覆膜(metallic coatings)形式搬运,而 Fe、Ni 和 Co 在各种相态中都有存在。Gibbs(1977)深化了早期工作,定量计算出了在亚马孙河和育空河中 87% 和 78% 的 Fe 都以氢氧化物包覆膜(hydroxide coatings)的形式存在。

随后,很多学者相继调查了全球河流入海颗粒物质中痕量金属元素通量及其控制因素。例如,Martin 和 Meybeck(1979)调查了全球 7 条主要河流 40 多种金属离子溶解态和颗粒态的含量。结果表明在风化作用影响下活动性弱的元素,例如 REE、Co、Cr、Cs、Fe、Mn、Rb、Si、Th、Ti、U 和 V 等主要富集在颗粒态中,而活动性较强的元素,例如 B、Ba、Ca、K、Mg、Na、Sr 等主要以溶解离子形式存在。之后几年,Martin 和 Whitfield(1983)和 Meybeck(1987)又相继报道了全球大部分主要河流

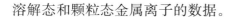

溶解态和颗粒态金属离子的数据。

进入 20 世纪 90 年代之后,在碳循环研究热潮的带动下,各国学者对河流水化学研究日益重视,全球范围内掀起了一股研究河流主要金属离子的热潮(Presley,Boström 等,1981；Wen 和 Zhang,1990；Zhang 和 Huang,1993；Ingri 和 Widerlund,1994；Dupré 等,1996；Neal 等,1998；Zhang,1999；Jarvie 等,2000；Pokrovsky 和 Schott,2002；Schäfer 和 Blanc,2002；Stummeyer 等,2002；Gaillardet 等,2003；Gordeev 等,2004；Müller 等,2008；Huang 等,2009；Viers,2009；Stolpe 等,2010)。但这些研究大都从环境科学或者风化通量的角度对包括 Fe 在内的痕量金属做较为传统研究,还缺少从多学科和多种研究方法交叉研究的角度专门对 Fe 的循环过程作深入讨论。

Canfield(1989)运用化学相态分析的方法,对海洋沉积物中的活性 Fe 做了详细调查。随后,以 Donald Canfield、Robert Raiswell 和 Simon Poulton 等代表的科学家围绕高活性 Fe 与硫化物在厌氧环境下的反应及对古海洋氧化还原环境的指示,开展了广泛的调查(Buesseler 等；Canfield,1988,1989；Canfield 等,1992；Raiswell 等,1994；Poulton,1998；Poulton 和 Canfield,2005；Raiswell 等,2006；Poulton 等,2009；Poulton 等,2010)。Poulton 和 Raiswell(2002)的研究证明,高度化学风化作用下,河流注入海洋的沉积物高活性铁(Fe_{HR})占总铁(Fe_T)的比例较高,Fe_{HR}/Fe_T 为 0.43；冰川沉积物主要形成于物理风化环境下,其 Fe_{HR}/Fe_T 仅为 0.11。相比较而言,海洋沉积物中 Fe_{HR}/Fe_T 约为 0.26,以河流供应为主,大气来源以及热液贡献较小。Poulton 和 Raiswell(2005)就河流以及冰川融水沉积物悬浮颗粒物中铁氧化物(主要是 Fe_{HR},Fe_{PR})的赋存形式和控制因素开展了更详细的分析。用三步提取法证明铁的氧化态物质(Fe_{HR})主要吸附在硅铝矿物中,与粒度相关性很高；风化作用下产生的 Fe_{HR} 经常以水铁矿纳米颗粒(10～20 nm)的形式赋存在有机质中。Jickells 等（2005）总结了粉尘中的 Fe 与全球环境和气候的关系，认为表层土壤中的 Fe 通过大气搬运的海洋，改变了海洋环境中的生物地球化学过程，从而影响全球环境的变化。Raiswell（2006）系统总结了全球河流、冰川、大气粉尘、热液活动、海岸侵蚀等各种来源的 Fe 氧化物（氢氧化物）通量，认为近海 Fe 氧化物主要靠河流、大气粉尘和成岩作用旋回供应；而深海主要由冰川或者近岸沉积物的再搬运供应。Raiswell（2011）发现随时间变化，纳米级颗粒的 Fe（nanoparticles，主要是 Fe 的氧化物和氢氧化物）会通过改变晶型或聚合方式的形式转化成其他纳米颗粒，从而生成更稳定的状态以便于长距离运输；另一方面，这种转化也会生成更加不稳定或易于生物吸收利用的 Fe，从而由陆地搬运到开放的深海中。Taylor 和 Macquaker（2011）认为，海洋沉积物中 Fe 的含量多少，决定了海洋环境的氧化还原环境。对这一过程的了解，不仅有助于认识过去沉积环境，同时有利用正确评价浅海区域矿物—水—细菌三者之间的相互作用。

1.2.3 表生环境中 Fe 的生物有效性研究

随着铁盐实验的开展，Fe 如何有效地被生物吸收和利用，即 Fe 的生物利用有效性（Bioavailable Iron）越来越受科学界关注。一般认为，海水中的 Fe(Ⅱ)更容易被生物吸收利用（Zhu 等，1997；Jickells 和 Spokes，2001；Mahowald 等，2005）。但也有研究发现，很多情况下，Fe(Ⅲ)也可以被生物利用（Barbeau 等，2001），Fe(Ⅱ)却不容易被吸收（Visser 和 Gerringa，2003）。新的研究发现，几乎所有的 Fe 都是可以被生物利用的，这取决于研究的时间尺度和不同的生物种群（Weber 等，2005）。之所以会产生如此大的分歧，主要还是由于缺乏对海洋中 Fe 的配合基及络合作用的了解（Parekh 等，2004；Bergquist 等，2007）。

另外，可溶态 Fe 的来源也一直困扰着众多科学家。有研究显示，大部分可溶态 Fe 都来自大气(Jickells，1995；Jickells 和 Spokes，2001；Jickells 等，2005；Mahowald 等，2005)，因为土壤中可溶性 Fe 含量很低(Fung 等，2000)，而大气中的可溶性 Fe 含量波动范围很大(0.01%～80%)(Johansen 等，2000；Baker 等，2006；Baker 和 Jickells，2006)。大气中的可溶性 Fe 含量之所以较高，主要是因为气溶胶中存在各种酸(硫酸,有机酸)(Mahowald 等，2005)。Meskhidze 等(2003)和 Meskhidze 等(2005)的研究发现，强酸的作用可以将大气粉尘中赤铁矿的 Fe 转化为更加易溶的 Fe。大气过程的数值模型也显示，很多机制都有可能实现这种转化，这与实验观测结果一致(Hand 等，2004；Luo 等，2005；Fan 等，2006)。

最新的研究表明，燃烧也是可溶性 Fe 的一个重要来源之一。燃烧生成的可被生物利用的可溶性 Fe 估计为 2%～19%(Chuang 等，2005；Guieu 等，2005；Sedwick 等，2007；Luo 等，2008)。与之相对地,沙漠地区的气溶胶含可溶性 Fe 只有 0.4%(Chuang 等，2005；Sedwick 等，2007)。因此,通过模型得到的结果显示，燃烧来源的 Fe 比沙漠气溶胶来源的 Fe 与现有观测结果更加吻合(Luo 等，2008)。因为燃烧生成的细小颗粒有更长的滞留时间,可以解释为何下风向地区存在更高的可溶性 Fe(Luo 等，2008)。Journet 等(2008)认为,粉尘中大部分生物可利用的 Fe 并不是 Fe 的氧化物(例如含量高达 50%～80% 的赤铁矿),而是黏土矿物中的 Fe,这部分 Fe 占所有生物可利用 Fe 的 90%。现有的大气模型主要关注的是大气中的赤铁矿中的 Fe(Meskhidze 等，2003；Meskhidze 等，2005；Fan 等，2006；Meskhidze 等，2007；Luo 等，2008)，对于这些模型的结果,需要重新思考和谨慎地对待。另外,人类活动也可以直接或间接地影响大气中可溶性 Fe 的含量。Luo 等(2008)的结果显示,燃烧供应的可溶性 Fe 约占大气总可溶性 Fe 的 50%。此外,过去100 年里大量排放的 SO_2 气体导致大气酸化,从而引起大气中可溶性 Fe

的增加(Smith 等,2004;Smith 等,2005)。

1.2.4　我国河流沉积 Fe 循环的研究

我国东部大陆位于世界最大的大陆与最大的大洋之间,具有独特的地质、地理、构造和水文特征。新生代青藏高原隆升,造成了中国阶梯状的地貌和现代水系的发育。在亚洲季风环境与晚新生代构造运动影响下,这些水系携带高原快速隆升而风化剥蚀的大量陆源碎屑物质进入边缘海,完成陆源物质从源到汇的过程。长江作为中国东部最大的河流,成为西北太平洋地区陆地与海洋物质交换最重要的途径之一,因此是开展海陆相互作用和全球环境变化研究的一个理想场所。

国际上的早期文献中,都有对我国河流(长江和黄河)入海颗粒物 Fe 含量的报道。但这些研究大都集中在入海沉积物总 Fe 含量上,且样品较少,没有对我国河流沉积物 Fe 的地球化学循环做系统的研究。我国学者对河流沉积物元素地球化学的研究起步于 20 世纪 90 年代初,对于河流沉积环境而言,我国不少学者开展了河流沉积物中重金属元素组成特征研究。Zhang 等(1992)在研究大气粉尘重金属组成中发现,输入我国东部边缘海的陆源 Fe 主要由河流供应。Zhang 和 Huang(1993)和 Zhang 等(1994)发现黄河颗粒物中痕量金属浓度比中国其他大型河流要低。而长江河口地区沉积物中 Fe、Al、Cu、Mn、Pb 等重金属的含量及分布同粒度、矿物等因素有紧密关系,重金属更易富集在细颗粒物质中。通过用 Al 校正以及用富集因子 EF(Enrichment Factor)计算,发现我国河流污染呈上升趋势(Zhang,1999;Zhang 和 Liu,2002)。Qu 等(1993)调查了中国主要河流(黄河、长江、珠江等)悬浮物中溶解态和颗粒态物质元素地球化学特征,认为易迁移元素如 Na、Ca 等在南部河流颗粒悬浮物中含量很低,不易迁移元素如 Al、Fe、Ti、Mn 等元素在颗粒物中相对富集,且相对于世界河流重金属元素含量偏低,证明我国河流污染相对较轻。张朝生(1998)研究了长江和黄河干流沉积物中 K、Ti、V、Cr、Mn、Fe 等 16 种金属元素总量与形态特征,发现元素含量和形态特征沿河变化不明显,长江沉积物中易迁移元素与难迁移元素间有负相关关系。与黄河相比,长江沉积物中易迁移元素含量低,而重金属元素含量高;元素有机态和铁锰氧化物态含量高,而残渣态含量低。认为这种差异与长江流域内风化作用强而黄河流域内风化作用弱以及黄土母质有机质含量低有关。

2000 年以来,以陈静生为代表的一系列学者,系统总结了我国东部入海主要河流入海金属元素组成特征,陆续发表了一系列报道(Chen 等,2000;Chen 等,2002;陈静生等,2006),对研究中国东部河流水化学研究提供了丰富翔实的资料。Chen 等(2000)运用 Chao 和 Zhou(1983)改进的无定型 Fe 氧化物分离方法,分析了我国东部主要河流沉积物中的反应性 Fe 和无定型 Fe 以及总 Fe 的组成特征,以及区域变化规律。Lin 和 Hsieh(2002)研究了长江对中国东海陆架 Fe、Mn、Zn、Cu、Al 等重金属元素的贡献,提出长江带来的陆源重金属是控制中国东海陆架重金属元素空间变化的主要因素。张卫国等(2003)运用避光草酸铵(AOD)以及连二亚硫酸钠—柠檬酸钠—重碳酸钠的提取方法,测试了长江口潮滩沉积物的氧化铁组成以及磁性特征,定义 AOD 提取的氧化铁为无定形态,而连二亚硫酸钠—柠檬酸钠—重碳酸钠混合溶液提取的氧化铁为晶形铁,二者相减得到的铁为游离态氧化铁。并且证明长江口潮滩沉积物中无定型态氧化铁占总氧化铁的比例最高。茅昌平(2009)在研究长江流域悬浮物地球化学和矿物学组成时,通过三步提取法(Poulton 和 Raiswell,2002;Poulton 和 Raiswell,2005),定量揭示长江悬浮物样品 Fe 元素各相态的特征。认为长江下游南京段悬浮中的全铁(Fe_T)和高活性铁(Fe_{HR})的含量在一年的水文循环中有轻微的季节性变化,都在洪水期出现最低值。悬浮物的漫反射光谱分析(DRS)表明针铁矿是悬浮物中主要的铁氧化物,赤铁矿的含量很少。在长江三峡蓄水后,长江悬浮物全铁(Fe_T)和高活性铁(Fe_{HR})的通量分别为 2.78×10^6 T/y 和 1.19×10^6 T/y。但是文中只阐述了 Fe 的季节性变化,对于 Fe 的化学相态在长江流域的空间特征,Fe 与其他参数如粒度、径流量以及其他元素的关系没有深入解释。

综合来看,我国学者虽然开展了一些主要河口与边缘海近表层沉积物中 Fe 循环研究,调查范围主要在河口地区开展,以重金属含量分布与污染调查为主(Zhu 等,1990;Huang,1995);对 Fe 元素的分析也主要以元素总量分析为主,很少有金属元素不同化学相态分析(Chen 和 Wang,1996)或者元素地球化学行为的报道(Yu 等,1990)。但从河流流域到河口再到边缘海沉积 Fe 循环(从源到汇)的系统研究还未开展,对河流入海沉积 Fe 通量以及不同相态 Fe 在表生环境以及早期成岩过程中的地球化学行为研究也有待深入,对于不同相态 Fe 的提取还需要建立一套系统的、重现性高、应用性强的方法。如前所述,河流和海洋 Fe 循环是当前国际海洋科学界特别关注的热点问题,而我国目前在这一领域的研究还非常薄弱。

1.3　沉积物中 Fe 的研究方法

除了传统的化学分析和 X 线衍射分析方法,沉积物中 Fe 的研究方法有很多种。利用含铁矿物特有的属性,很多物理学方法,例如环境磁学方法(Thompson 和 Oldfield,1986)、漫反射光谱分析法(Deaton 和 Balsam,1991)、Mössbauer 谱分析法(Dyar 等,2006)等,在检测不同含铁矿物方面各有侧重。本书主要侧重于 Fe 的化学、环境磁学及漫反射光谱学分析,因此,仅对以上 3 种分析方法做简要回顾。

1.3.1　沉积物中 Fe 的化学相态分析方法

由于微量元素的不同相态具有不同的活性,因而对生态和环境的影响各不相同。定性和定量地测定样品中微量元素的不同相态是深入了解元素在环境中迁移和转化的重要手段。因此,化学相态分析逐渐发展成为分析化学的一个重要分支,也是当代环境化学研究的活跃领域之一(Kot 和 Namiesik,2000;宋照亮等,2004;王亚平等,2005)。考虑到不同学科和不同研究的需要,相态分析又可以分为物理相态分析与化学相态分析两大类,本书仅对化学相态分析进行探讨。由于化学相态定义的复杂性,元素化学相态分析方法研究虽然开展了近 30 年,但一直以来,都未能取得一致的认识。国内外学者对"化学相态"给予了不同的定义,争议很多,直到 2000 年国际纯粹应用化学联合会(IUPAC)规定痕量元素相态分析的定义后才统一了有关形态分析的术语。所谓化学相态(Chemical Species),是指一种元素的特有形式,如同位素组成、电子或氧化状态、化合物或分子结构等;而顺序提取(Sequential Extraction)是指根据物理性质(如粒度、溶解度等)或化学性质(如结合状态、反应活性等)把样品中一种或一组被测定物质进行分类提取的过程(Templeton 等,2000)。由于实际操作中很难严格测定样品不同元素总量中各个不同化学相态,因而顺序提取这种替代方案被广泛应用于测定鉴别元素相态的各种分类组合。顺序提取又被称为偏提取、分步提取、逐级提取或者连续萃取(宋照亮等,2004)。

自 Chester 和 Hughes(1967)等和 Tessier 等(1979)等的开创性研究以来,元素相态分析一直广受关注。目前应用最广泛的连续萃取法主要是基于 Tessier 等(1979)提出的 5 步提取法,对应以下 5 个化学相态:

① 可交换态(Exchangeable)——1 mol/L $MgCl_2$ 反应 1 h;

② 碳酸盐结合态(Bound to Carbonates)——pH 为 5.0 的 1 mol/L

NaOAc；

③ Fe – Mn 氧 化 物 结 合 态（Bound to Fe – Mn Oxides）——0.04 mol/L NH_2OH – HCl；

④ 有机质结合态（Bound to Organic Matter）——0.02 mol/L 的 HNO_3 ＋30％H_2O_2；

⑤ 残渣态（Residual）——HF＋$HClO_4$。

但是，实际操作中发现该方法也存在一些问题，如可交换态采用 $MgCl_2$ 作为提取剂，会使某些元素结果严重偏高（Towner，1985）。还有学者指出该法提取剂缺乏选择性，提取过程中存在重吸附和再分配现象，缺乏质量控制等（Davidson 等，1999）。之后，很多学者尝试了对 Tessier 方法验证和改进（Calmano 和 Forstner，1983；Kheboian 和 Bauer，1987；Martin 等，1987；Kersten，1989；Hirner，1992；Lopez-Sanchez 等，1993；Davidson 等，1994；Izquierdo 等，1997；Leleyter 和 Probst，1999；Tzen，2003；Poulton 和 Canfield，2005；Passos 等，2010）。在这些方法中，应用最广且最权威的当属欧共体标准物质局在 1998 年建立的 BCR 流程（Ure 等，1993）。

为获得通用的标准流程及其参照物，由欧共体标准局[BCR-European Community Bureau of Reference 的简称，是现在欧盟标准测量和测试机构 Standards Measurements and Testing Programme（缩写为 SM&T）的前身]等主办的以"沉积物和土壤中的逐级提取"（1992）、"环境风险性评价中淋滤/提取测试的协和化"（1994）和"敏感生态系统保护中的环境分析化学"（1998）等为主题的欧洲系列研讨会先后召开，并分别出版了研究专刊。Ure 等（1993）在综合前人研究基础上，提出了 Ure 流程，后经 Quevauviller 等（1997）和 Quevauviller（1998）修改，成为 BCR 标准流程，并产生了相应的标准物质——CRM 601。Rauret 等（1999）对该流程作了改进，形成改进的 BCR 流程，成为欧洲新标准，并

产生了相应的标准参照物——CRM701。之后，Hall 等(1996)，Hall
和 Pelchat(1999)在 Chao(1984)和 Kersten(1989)研究的基础上，提出
了加拿大地质调查局(GSC—The Geological Survey of Canada)标准流
程。从此以后，分步提取有了更加严格和规范的操作指南，BCR 的方法
也成为目前较流行的分布化学提取方法之一(Kersten，1989；Rauret
等，1999；Cuong 和 Obbard，2006；Baig 等，2009)。

BCR 方法主要定义了 3 种化学相态，分别为：

① 可交换态和碳酸盐态——25℃下 0.11 mol/L 的 HAc 反应 16 h；

② Fe - Mn 氧化物及氢氧化物态——25℃下 0.1 mol/L 的
NH_2OH - HCl反应 16 h；

③ 有机态(硫化物结合态)——85℃下 30% H_2O_2 反应 1 h，然后再
用 1 mol/L 的 NH_4Ac 在 25℃反应 16 h。

Fe 作为生物地球化学循环中重要的限制元素，其不同的化学相态
在生物地球化学循环中行为也各不相同。早在 1970 年，Berner 便提出
用浓盐酸提取反应性 Fe 的方法(Berner，1970)。其后，对于不同相态
Fe 的提取，不同学者在不同研究中都提出各自的方法。Thomas 等
(1994)对河流沉积物金属元素提出了"醋酸-盐酸羟胺-过氧化氢醋酸
铵"的三步提取法。考虑到吸附态和与有机物结合态的 Fe 占总 Fe 比例
很低(Gibbs，1973，1977；Trefry 和 Presley，1982)，Canfield(1989)和
Raiswell 等(1994)对 Tessier 的方法进行了修改，针对 Fe 元素提出三步
提取法(详见本书2.2.3节)，即

① 连二亚硫酸钠($Na_2S_2O_4$)缓冲溶液提取的高活性 Fe(Fe_{HR}-
Highly Reactive Iron)；

② 12 N 的浓 HCl 煮沸 2 min 提取的弱活性 Fe(Fe_{PR}-poorly
Reactive Iron)；

③ HF - $HClO_4$ - HNO_3 消解剩余残渣得到不活性 Fe(Fe_U-

Unreactive Iron)。

1.3.2　沉积物中 Fe 的环境磁学方法

环境磁学是一门介于地球科学、环境科学和磁学之间,应用磁学技术研究环境过程、追溯地球环境演化历史的新兴科学。Thompson 和 Oldfield(1986)出版了 *Environmental Magnetism* 一书,系统地论述了如何将矿物的磁学性质应用于环境研究,标志着环境磁学作为一个相对独立的分支学科而正式建立。环境磁学通过测量土壤、沉积物和岩石等自然物质和及人类活动产物在外加人工磁场中的磁性响应,提取地质、地理环境的信息。环境磁学的重要特征是简单、快速、无损、成本低廉,可以解决许多化学方法无法解决的问题。现今,环境磁学技术已被广泛应用于第四纪地质学(Liu, 1985；Heller 等,1991；Maher 和 Thompson,1991；Verosub 等,1993；Maher 和 Thompson,1995；Liu 等,2003b；Liu 等,2004b；Zhu 等,2004；Roberts,2007；Maher 等,2009)、海洋沉积学(Oldfield, 1994；Liu 等,2003a；Zhang 等,2008；Wang 等,2009；Wang 等,2010)、土壤学(Taylor 等,1987；Maher 和 Taylor, 1988；Dealing 等,1996)、环境科学(Beckwith 等,1986；Georgeaud 等,1997；Hay 等,1997；Bityukova 等,1999；Gautam 等,2005；Yang 等,2007c)等众多领域。

1.3.3　沉积物中 Fe 的漫反射光谱分析方法

赤铁矿(Fe_2O_3)和针铁矿($\alpha-FeO(OH)$)是地球表生环境中常见的两种含铁氧化物和氢氧化物。针铁矿和赤铁矿广泛存在于海洋沉积物(Harris 和 Mix, 1999)、黄土-古土壤沉积序列(Liu, 1985；Balsam 等,2004；Deng 等,2006；Jeong 等,2008),以及土壤(Schwertmann, 1971；Davey 等,1975；Kmpf 和 Schwertmann, 1983；Jeanroy 等,1991；

Waychunas 等，2005；Torrent 等，2006)等沉积体系中。

一般认为，湿润的环境有利于针铁矿的形成，而干燥温暖的环境更利赤铁矿的形成(Schwertmann，1971，1988；Cornell 和 Schwertmann，2003；Balsam 等，2004)，因此，这两种矿物也常被用来指示气候变化。黄土-古土壤中赤铁矿和针铁矿的比值(Hm/Gt)已经很好地用来表征黄土高原气候干湿变化(Ji 等，2002；Balsam 等，2004；Ji 等，2004；Balsam 等，2005；Bloemendal 等，2008；Jeong 等，2008)，并进一步用来推测东亚季风的形成和演化历史。赤铁矿和针铁矿是土壤和沉积物中常见的含铁矿物，它们都是硅酸盐含铁矿物风化的产物，其在土壤中的分布和含量与成土气候环境密切相关(Schwertmann，1971；陈怀满，2005)。针铁矿通常是从水溶液中直接沉淀形成，潮湿环境有利于其发育(Cornell 和 Schwertmann，1996)，因此，针铁矿广泛地分布于从寒带至热带地区的各类土壤中；而赤铁矿的形成涉及脱水反应，干旱环境(蒸发量大于降雨量)有利于赤铁矿的形成，因此赤铁矿则主要分布在热带和亚热带地区氧化条件较强的土壤中(Kmpf 和 Schwertmann，1983；黄昌勇，2000)。在土壤中这两个形成过程是相互竞争的，温度和湿度控制着赤铁矿和针铁矿的形成速度，因此，赤铁矿和针铁矿的比例是气候环境变化的良好指示(季峻峰等，2007)。

土壤和沉积物中的铁矿物含量一般很低，而且颗粒总体比较细小、结晶度差(Cornell 和 Schwertmann，1996)。常规的检测手段，例如 X 线衍射、化学方法和 Mössbauer 谱等，很难快速准确地检测出复杂地质样品中的针铁矿和赤铁矿含量。可见光波段(VIS，400～700 nm)对铁矿物含量的变化非常敏感，通过分析可见光波段的颜色分段和导数(一阶导数和二阶导数)，可以定量测定针铁矿和赤铁矿的含量(Deaton 和 Balsam，1991；Ji 等，2002)。漫反射光谱(DRS)对土壤和沉积物中的铁氧化物矿物十分敏感，被认为是一种识别和估计土壤、沉积物中的铁氧化物矿物的重要手段(Deaton 和 Balsam，1991；Ji 等，2002)。

　　Deaton 和 Balsam(1991)同对人工合成矿物和沉积物研究,发现在漫反射光谱曲线一阶导数图谱中,针铁矿和赤铁矿有不同的特征峰。例如,赤铁矿在 565～575 nm(具体位置根据含量变化)有一个特征峰;而针铁矿则具有典型的双峰,在 535 nm 处有一个主峰,在 435 nm 处还有一个次级峰。随着矿物含量的增加,一阶导数特征峰的高度变高,峰的位置向长波方向移动。对针铁矿来说,主峰的对其含量的变化更加灵敏,次级峰变化不大。因此,一阶导数特征峰的峰高可以反映出样品中赤铁矿和针铁矿的相对含量。尽管最近研究表明,由于自然样品中由于矿物组成较复杂,某些矿物可能会对漫反射图谱产生干扰(基体效应),一阶导数图中针铁矿的特征信号可能被赤铁矿和黏土矿物(例如伊利石和绿泥石)所掩盖(Balsam 和 Damuth,2000;Ji 等,2006),但漫反射光谱一阶导数特征峰的峰高值仍然具有定性(半定量)估算赤铁矿及针铁矿含量多少的意义。

1.4　研究选题、内容和意义

　　20 世纪 80 年代以来,国际地圈生物圈计划(IGBP)以及其他许多全球科研计划针对人类活动所引起的系列全球变化,例如温室效应、臭氧层破坏、海洋升温、海水酸化等进行的研究,都与元素的地球化学行为密切相关。与欧洲的北海、美国东部陆架海及其边缘海相比,中国东部边缘海有其独特的区域特点。首先,中国东部陆架海位于世界最大的大陆和最大的大洋之间,是世界上最宽的陆架浅海之一。同时,中国东部陆架海受季风驱动,太平洋强西边界流(黑潮)和太平洋潮波传入的共同作用;又受中国大陆长江和黄河水沙大量输入的影响,形成了明显的季节性变化黄海冷水团和复杂的环流系统,以上种种复杂环境条件使中国东部边缘海成为全球独特的边缘海系统(吴德星等,2006)。

　　长江作为发源于青藏高原的最大河流,也是东亚大陆最长和最大的河流,其入海物质的地球化学行为对于这样一个多尺度非线性复杂海洋系统的物理化学环境演变及其生态环境效应,有着重要的影响(杨守业,2006)。而众多元素中,Fe 在生物地球化学循环中扮演着重要角色。河流入海 Fe 元素在河口及边缘海地区的吸附与解析过程,对于边缘海的初级生产力、氧化还原环境及成岩作用等起重要作用。然而,目前对长江流域水系沉积物的 Fe 组成特征认识并不清楚,尤其对不同支流和干流不同地区颗粒态 Fe 的化学与矿物相态组成缺乏深入理解,对长江入海颗粒态 Fe 组成的季节性变化特征也没有开展深入研究。这些都在很大程度上制约了长江口和东海海洋生物地球化学研究的深化。

　　本书正是在这样的背景下,通过多种分析技术结合的方式,研究长江水系沉积物中 Fe 元素在时空上的变化特征。以 Fe 元素作为具有普遍性意义的"标识物"或环境替代性指标,从河流沉积物质"源—汇"的过程入手,研究其在流域风化剥蚀、河流搬运入海过程中的地球化学循环特征,及其对流域风化环境的响应。重点通过悬浮颗粒物和河漫滩沉积物的化学组成、矿物谱学和矿物环境磁学特征分析,研究长江沉积物中不同化学相态 Fe 在整个流域干流和支流的分布特点、季节性变化特征;同时探索性地应用 U 同位素示踪技术,研究碎屑沉积物的搬运时间。本研究的主要成果对今后深化长江沉积地球化学研究,尤其是从全球变化和地球系统科学的角度,将长江流域、河口及陆架海作为一个整体,开展系统的陆源入海物质的"源—汇"过程及其环境效应研究具有重要意义。

1.5　研 究 工 作 量

　　本研究分析了长江干流和支流沉积物样品不同化学相态 Fe 的组

成,环境磁学参数和漫反射光谱特征,同时与部分黄河、沙尘暴粉尘、黄土和沙漠等特殊环境下的样品进行对比。除此之外,还选择冲绳海槽中部钻孔 DGKS9604 样品进行了 U 同位素比值的分析,以探讨陆源碎屑物质风化剥蚀到搬运入海时间。具体工作量见表 1-2。

表 1-2　工作量统计

	日　　期	工　作　内　容	参　与　人　员
野外样品收集	2003 年 4 月	长江流域干、支流河漫滩样品采集	杨守业、王德杰
	2004 年 8 月	长江流域干、支流悬浮物样品采集	杨守业、王中波、夏小平
	2009 年 8 月	长江重庆至宜昌段样品采集	杨守业、李超、展望
	2008 年 4 月~2009 年 4 月	南通长江悬浮物定期采集(每周一次)	钱鹏、李超、许斐等
	2009 年 4 月	黄河流域干、支流沉积物样品采集	王中波、李超、白凤龙
	2010 年 3 月~8 月	长江大通站悬浮物采集(每两周一次)	王权、舒劲松、李超等
		塔克拉玛干沙漠沙子样品	孙有斌提供
	2006 年 4 月	中国地质大学校园沙尘暴粉尘样品	郑妍提供
		黄土样品	杨守业
		台湾河流沉积物样品	高树基提供
实验室分析	2008 年 11 月—2009 年 9 月	沉积物粒度分析及常微量元素分析	李超、许斐、邵菁清、钱立飞、王浩等
	2008 年 11 月—2011 年 2 月	Fe 的不同化学相态萃取实验	李超、许斐
	2009 年 6 月	赤铁矿和针铁矿漫反射光谱分析	李超、季峻峰
	2009 年 7 月	含铁矿物环境磁学分析	李超、张卫国
	2009 年 9 月—2010 年 7 月	U 同位素比值(^{234}U/^{238}U)分析	李超、Roger Francois、Maureen Soon、Sophie Darfeuil

第2章

研究区域背景、样品来源与分析方法

2.1 长江流域概况

长江是我国第一大河,早在 170 万年前便孕育了中华民族的祖先——云南元谋人。今天,长江已成为当代中国经济社会可持续发展的重要命脉。长江流域的面积约占全国国土面积的 1/5,却养育了全国 1/3 的人口。长江流域集中了全国约 40% 的经济总量,提供了我国 36.5% 的水资源、50% 的内河通航里程,是全国重要的经济走廊、水电开发的主要基地、水资源配置的战略水源地、连接东中西部的"黄金水道"。随着西部大开发、三峡水利枢纽建成投产及南水北调工程的开展,长江在我国经济发展中的地位与重要性日益凸显。

2.1.1 长江流域自然地理概述

长江发源于"世界屋脊"青藏高原的唐古拉山脉各拉丹冬峰西南侧,向东绵延 6 300 多公里于上海崇明岛注入东海(图 2 - 1)。长江干流宜昌以上为上游,长 4 504 km,流域面积 100 万 km²,其中直门达到宜宾一段称为金沙江,长 3 464 km。宜宾至宜昌河段习惯称为川江,长

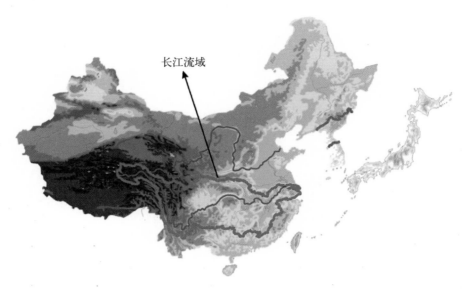

图 2-1　长江流域地理位置示意图

1 040 km。宜昌至湖口为中游,长 955 km,流域面积 68 万 km²。湖口以下为下游,长 938 km,流域面积 12 万 km²。

　　受中国大陆地形影响,长江流域内地势也呈现西高东低的态势(图2-2)。流域内地势最高峰位于四川西部的贡嘎山,高程 7 556 m,最低点为上海的吴淞零点。流域内各支流流域平均高程分布情况如下(何梦颖,2011):第一阶梯为青南、川西高原和横断山高山峡谷地区,包括沱沱河—通天河、金沙江和大渡河—岷江流域,海拔 3 500~5 000 m;第二阶梯为秦巴山地、四川盆地和鄂黔山地,包括嘉陵江、乌江流域,海拔约

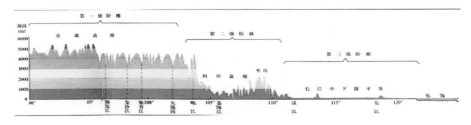

图 2-2　长江流域的地势图(长江水利网,2010)

500～2 000 m;第三阶梯为淮阳山地、江南丘陵和长江中下游平原,海拔在 500 m 以下。整个流域平均高程约为 1 650 m,其中山地、盆地和丘陵约占 85%,平原占 11%,河流湖泊等水面占 4%(刘会平,1994)。

2.1.2　长江流域的地质背景与岩性特征

长江流域地质构造背景复杂,跨越华南造山带、扬子地台、秦岭—大别山造山带、三江古特提斯造山带等构造单元。整个长江流域地层自元古界至第四系均有出露,各地层地质发育史,沉积、变质作用和岩浆活动差异很大,岩相变化复杂(图 2-3)。

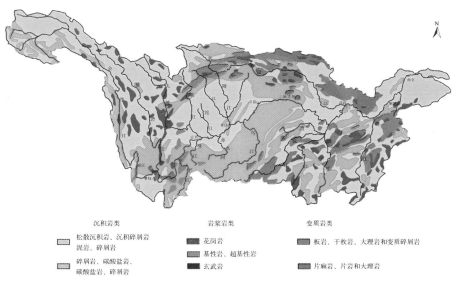

图 2-3　长江流域岩性分布示意图

青海南部、滇西、川西、秦岭、湘赣南部、皖南等地,岩浆岩出露较好、分布广泛。岩性以中、深成酸性岩类为主,其次为镁铁质岩、超镁铁质岩和过碱性岩类。变质岩主要为早元古代斜长角闪岩、混合片麻岩系,中晚元古代变质碎屑岩系。元古代变质岩主要分布于长江中下游秦岭—

大别山、沅江、湘江和鄱阳湖以东地区,上太古代变质岩系零星分布于大别山地区(长江水利网,2010)。

长江流域岩性特征大致可以分为上游和中下游两段:

(1) 长江上游青藏高原源区主要发育中生代三叠纪碳酸盐岩,酸-中酸性火成岩分布也较多,尤其是新生代的岩浆活动非常强烈。在金沙江、雅砻江和大渡河、岷江流域,主要发育三叠纪浅变质碎屑岩和碳酸盐岩,约占整个构造区域面积的 80% 以上。碳酸盐岩和碎屑岩风化后提供大量的物质,由崛江、沱江、嘉陵江等支流进入长江干流,成为长江沉积物的主要来源之一。四川盆地以侏罗、白垩纪的陆相红色砂岩为主,四川盆地以南及以东以下古生界和三叠纪碳酸盐岩为主(Chen 等,2002)。四川盆地西南部的峨眉山玄武岩是我国唯一的火成岩大省,而蒸发岩在长江上游流域分布较少,只存在于局部地区。

(2) 中下游沿江水系地区主要为古生代海相沉积岩和第四纪松散河湖相沉积物为主(Ding 等,2004),花岗岩、片岩、片麻岩也有较多分布。该区域广泛出露前震旦纪古老变质岩,同时分布着燕山期岩浆岩。中下游有几大重要的支流汇入。洞庭湖流域内以碳酸盐岩和碎屑岩为主,有少量的花岗岩。鄱阳湖流域内除碎屑岩和碳酸盐岩,花岗岩的比例明显增加。下游湖口至镇江之间有许多小规模的支流汇入,发育于大别山南麓海西褶皱带之上的小支流流经大量的片岩、片麻岩分布区,为长江提供较多的云母、绿泥石等碎屑物质。

2.1.3 长江流域气候特征

长江流域的年平均气温主要表现为东高西低、南高北低的分布趋势。其中,中下游地区高于上游地区,江南高于江北,江源地区是全流域气温最低的地区(图 2-4)。长江流域最热月为 7 月,最冷月为 1 月,4

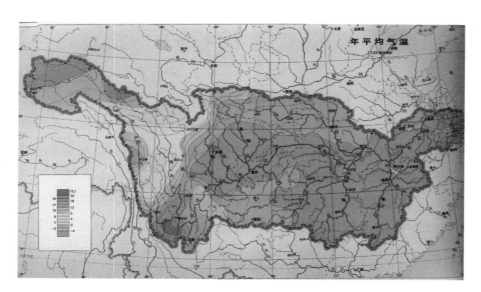

图 2‐4　长江流域年平均气温分布(长江水利网,2010)

月和 10 月是冷暖变化的中间月份。

　　中下游大部分地区年平均气温在 16℃～18℃之间。湘、赣南部至南岭以北地区达 18℃以上,为全流域年平均气温最高的地区;长江三角洲和汉江中下游在 16℃附近;汉江上游地区为 14℃左右;四川盆地为闭合高温中心区,大部分地区在 16℃～18℃之间;重庆至万县地区达 18℃以上;云贵高原地区西部高温中心达 20℃左右,东部低温中心在 12℃以下,冷暖差别极大;金沙江地区高温中心在巴塘附近,年平均气温达 12℃,低温中心在埋塘至稻城之间,平均气温仅 4℃左右;江源地区气温极低,年平均气温在－4℃上下,呈北低南高分布(长江水利网,2010)。

　　与气温分布类似,长江流域的降雨也存在较大的时空差异(图 2‐5),主要分为干湿两大气候类型,即长江中下游地区的春雨、梅雨、伏秋旱型和长江上游地区(包括汉江上游地区)的冬春旱、夏秋雨型。

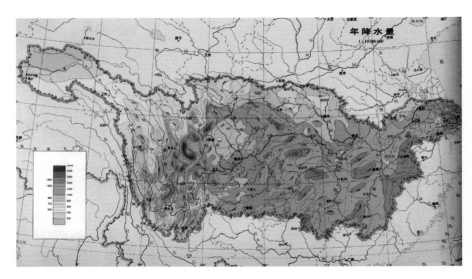

图 2‑5　长江流域年平均降雨分布(长江水利网,2010)

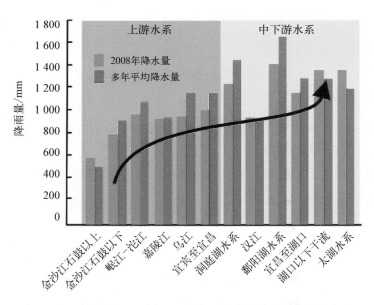

图 2‑6　2008 年长江流域及西南诸河水资源分区降雨量分布图

改绘自(水利部长江水利委员会,2008)

长江流域多年平均降雨量约为 1 100 mm,但在不同地区、不同季节仍存在较大差异。总的来说,年降雨量总的分布趋势是江南大于江北,中下游地区多于上游地区,从东南向西北呈递减态势(图 2 - 6)。长江流域大部分地区的年降雨量在 1 000~1 600 mm 之间,中下游地区平均为 1 440 mm,其中,江南地区为 1 470 mm,湘西北赣东北暴雨中心区年降雨量在 2 000 mm 以上,江北地区为 1 320 mm,汉江流域平均为 930 mm;长江上游地区年平均降雨量为 940 mm,其中,乌江流域和上游干流区间接近 1 100 mm,嘉陵江和岷江—沱江流域约 970 mm,金沙江流域平均约 800 mm 以上,西北部只有约 500 mm,江源地区降雨量最少,平均 200~300 mm(长江水利网,2010)。

2.1.4　长江的径流量与输沙量特征

长江是中国水量最丰富的河流,多年平均(1995—2005 年)径流量和输沙量分别为 9 034 亿 m³(图 2 - 7(a))和 4.14 亿 t(图 2 - 7(b))(水利部长江水利委员会,2009)。新中国成立以后,随着社会经济的快速发展以及工农业生产的需要,长江上游先后建立了近 50 000 个水坝,这些水坝的建设对长江的水文条件和泥沙搬运沉积过程产生了巨大的影响(Yang 等,2006),尤其是 2006 年开始蓄水运行的三峡大坝(Xu 等,2006;Yang 等,2006;Yang 等,2007;Hu 等,2009)。Xu 等(2006)及戴仕宝等(2006)整理了 1950 年—2000 年前后大通水文站径流量的数据,结果显示虽然年径流量在历史时期内有些变化,但变化幅度并不显著(图 2 - 8)。相对径流量,长江近 50 年以来输沙量发生了巨大的变化,由 1985 年之前的年均 5 亿 t 降至 2006 年的不足 1 亿 t(Chen 等,2008)。最新数据显示,2008 年和 2009 年大通水文站实测输沙量有所上升,但也仅有 1.30 亿 t 和 1.11 亿 t(水利部长江水利委员会,2009),所以,长江的泥沙问题依旧十分严峻。

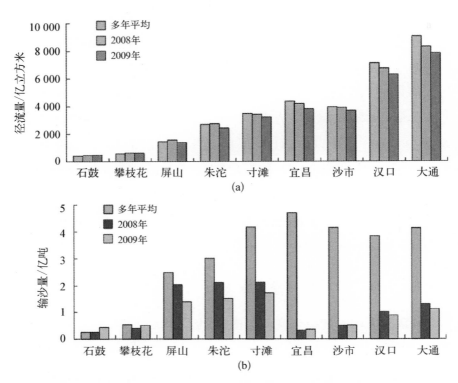

图 2-7 长江干流各水文站年径流量(a)和输沙量(b)(水利部长江水利委员会,2009)

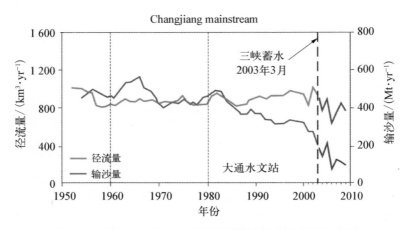

图 2-8 1950—2009 年大通站径流量和输沙量的年际变化

改绘自(Xu 等,2006),2004 年—2009 年数据,来自(水利部长江水利委员会,2009)

2.2　研究样品来源

　　2003 年 4 月—2009 年 9 月,先后多次进行长江流域的野外地质考察,系统采集了云南石鼓金沙江至河口地区长江主要水系的沉积物样品,包括悬浮物和细粒级河漫滩样品。为了使样品更具代表性,样品一般采集于主要支流汇入干流的河口地区,但尽量避开城市和可能的污染源。悬浮物样品尽量选择在河道中央采集,现场用预先处理的 0.45 μm 的醋酸纤维滤膜真空抽滤。详细的样品采集地点见图 2-9 和表 2-1。为了进一步了解长江入海物质组成的季节性变化特征,2008 年 4 月—2009 年 4 月,在南通狼山附近长江主航道上,每周乘船在固定位置采集长江悬浮物,共采集 51 个悬浮物样品,样品详细信息见表 2-1。

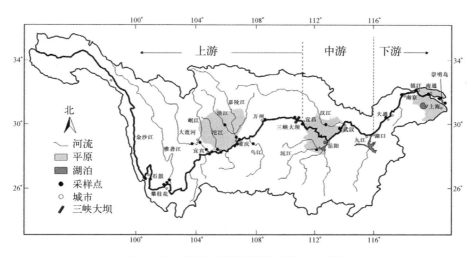

图 2-9　长江流域及沉积物采样点示意图

表 2 - 1   长江悬浮物和河漫滩沉积物采样信息

样品	样品号	采样点	经 纬 度	采 样 日 期
悬浮物样品	04CJ1 - 1	金沙江·石鼓	26°53′25″N, 99°57′46″E	2004 - 08 - 7
	04CJ3 - 1	金沙江·攀枝花	26°36′21″N, 101°48′01″E	2004 - 08 - 8
	04CJ4	大渡河·乐山	29°33′11″N, 103°45′54″E	2004 - 08 - 10
	04CJ6 - 1	金沙江·宜宾	28°46′07″N, 104°37′45″E	2004 - 08 - 11
	04CJ9	长江·泸州	28°54′07″N, 105°26′58″E	2004 - 08 - 11
	04CJ11	长江·重庆	29°33′52″N, 106°35′08″E	2004 - 08 - 12
	04CJ12	长江·万州	30°48′44″N, 108°23′01″E	2004 - 08 - 13
	04CJ14	汉江·仙桃	30°22′47″N, 113°26′48″E	2004 - 08 - 14
	CJ - Datong	长江·大通	30°46′12″N, 117°38′22″E	2003 - 04 - 29
	CJ - DT	长江·大通	30°46′17″N, 117°38′00″E	2010 - 2011
	NJ - SS	长江·南京	32°08′24″N, 118°46′24″E	2001 - 08 - 24
	ZJ - 1 - SS	长江·镇江	32°15′23″N, 119°26′09″E	2001 - 08 - 26
	ZJ - 2 - SS	长江·镇江	32°15′01″N, 119°24′59″E	2001 - 08 - 26
	CX - SS	长江·长兴岛	31°29′37″N, 121°31′16″E	2001 - 08 - 28
	09CJ - CQ - 2	长江·重庆	29°32′50″N, 106°34′23″E	2009 - 07 - 21
	09JLJ - 1	嘉陵江·重庆	29°35′00″N, 106°27′12″E	2009 - 07 - 23
	09CJ - CQ - 1	长江·重庆	29°36′43″N, 106°36′01″E	2009 - 07 - 21
	09CJ - TGR - 1	长江·三峡水库	30°57′46″N, 110°45′00″E	2009 - 07 - 18
	09CJ - YC - 1	长江·宜昌	30°40′22″N, 111°18′08″E	2009 - 07 - 16
河漫滩沉积物样品	CJ3 - 3	金沙江·金安	26°47′44″N, 100°25′44″E	2003 - 04
	CJ4 - 1	雅砻江·攀枝花	26°37′29″N, 101°48′38″E	2003 - 04
	CJ5 - 3	金沙江·攀枝花	26°36′21″N, 101°48′03″E	2003 - 04
	CJ7 - 4	大渡河·乐山	29°33′13″N, 103°45′36″E	2003 - 04
	CJ9 - 3	长江·宜宾	28°46′19″N, 104°38′04″E	2003 - 04
	CJ11	岷江·宜宾	28°46′40″N, 104°37′23″E	2003 - 04
	CJ13 - 2	长江·泸州	28°54′11″N, 105°26′58″E	2003 - 04

续 表

样品	样品号	采样点	经纬度	采样日期
河漫滩沉积物样品	CJ14-1	沱江·泸州	28°54′12″N，105°26′56″E	2003-04
	CJ16-1	涪江·合川	29°59′52″N，106°13′37″E	2003-04
	CJ17-1	嘉陵江·合川	30°00′37″N，106°16′37″E	2003-04
	CJ20-1	乌江·涪陵	29°41′58″N，107°24′28″E	2003-04
	YJ1-1	沅江·常德	29°01′26″N，111°41′16″E	2003-04
	CJ26-1	长江·大通	30°46′12″N，117°38′22″E	2003-04
	CJ4-CM	长江·崇明岛	31°47′49″N，121°25′52″E	2003-04
南通季节性悬浮物样品	CJ-NT-02	长江·南通	31°57′24″N，120°51′54″E	2008-04-10
	CJ-NT-03	长江·南通	31°57′24″N，120°51′54″E	2008-04-18
	CJ-NT-04	长江·南通	31°57′24″N，120°51′54″E	2008-04-24
	CJ-NT-05	长江·南通	31°57′24″N，120°51′54″E	2008-04-29
	CJ-NT-06	长江·南通	31°57′24″N，120°51′54″E	2008-05-9
	CJ-NT-07	长江·南通	31°57′24″N，120°51′54″E	2008-05-15
	CJ-NT-08	长江·南通	31°57′24″N，120°51′54″E	2008-05-21
	CJ-NT-09	长江·南通	31°57′24″N，120°51′54″E	2008-05-27
	CJ-NT-10	长江·南通	31°57′24″N，120°51′54″E	2008-06-6
	CJ-NT-11	长江·南通	31°57′24″N，120°51′54″E	2008-06-15
	CJ-NT-12	长江·南通	31°57′24″N，120°51′54″E	2008-06-20
	CJ-NT-13	长江·南通	31°57′24″N，120°51′54″E	2008-06-27
	CJ-NT-14	长江·南通	31°57′24″N，120°51′54″E	2008-07-4
	CJ-NT-15	长江·南通	31°57′24″N，120°51′54″E	2008-07-11
	CJ-NT-16	长江·南通	31°57′24″N，120°51′54″E	2008-07-18
	CJ-NT-17	长江·南通	31°57′24″N，120°51′54″E	2008-07-24
	CJ-NT-18	长江·南通	31°57′24″N，120°51′54″E	2008-08-2
	CJ-NT-19	长江·南通	31°57′24″N，120°51′54″E	2008-08-8
	CJ-NT-20	长江·南通	31°57′24″N，120°51′54″E	2008-08-14

续 表

样品	样品号	采样点	经 纬 度	采样日期
南通季节性悬浮物样品	CJ - NT - 21	长江·南通	31°57′24″N, 120°51′54″E	2008 - 08 - 22
	CJ - NT - 22	长江·南通	31°57′24″N, 120°51′54″E	2008 - 08 - 29
	CJ - NT - 23	长江·南通	31°57′24″N, 120°51′54″E	2008 - 09 - 6
	CJ - NT - 24	长江·南通	31°57′24″N, 120°51′54″E	2008 - 09 - 11
	CJ - NT - 25	长江·南通	31°57′24″N, 120°51′54″E	2008 - 09 - 19
	CJ - NT - 26	长江·南通	31°57′24″N, 120°51′54″E	2008 - 09 - 26
	CJ - NT - 27	长江·南通	31°57′24″N, 120°51′54″E	2008 - 10 - 4
	CJ - NT - 28	长江·南通	31°57′24″N, 120°51′54″E	2008 - 10 - 11
	CJ - NT - 29	长江·南通	31°57′24″N, 120°51′54″E	2008 - 10 - 18
	CJ - NT - 30	长江·南通	31°57′24″N, 120°51′54″E	2008 - 10 - 25
	CJ - NT - 31	长江·南通	31°57′24″N, 120°51′54″E	2008 - 11 - 1
	CJ - NT - 32	长江·南通	31°57′24″N, 120°51′54″E	2008 - 11 - 8
	CJ - NT - 33	长江·南通	31°57′24″N, 120°51′54″E	2008 - 11 - 15
	CJ - NT - 34	长江·南通	31°57′24″N, 120°51′54″E	2008 - 11 - 22
	CJ - NT - 35	长江·南通	31°57′24″N, 120°51′54″E	2008 - 11 - 29
	CJ - NT - 36	长江·南通	31°57′24″N, 120°51′54″E	2008 - 12 - 6
	CJ - NT - 37	长江·南通	31°57′24″N, 120°51′54″E	2008 - 12 - 14
	CJ - NT - 38	长江·南通	31°57′24″N, 120°51′54″E	2008 - 12 - 20
	CJ - NT - 39	长江·南通	31°57′24″N, 120°51′54″E	2008 - 12 - 27
	CJ - NT - 42	长江·南通	31°57′24″N, 120°51′54″E	2009 - 01 - 15
	CJ - NT - 43	长江·南通	31°57′24″N, 120°51′54″E	2009 - 01 - 20
	CJ - NT - 44	长江·南通	31°57′24″N, 120°51′54″E	2009 - 02 - 4
	CJ - NT - 45	长江·南通	31°57′24″N, 120°51′54″E	2009 - 02 - 10
	CJ - NT - 48	长江·南通	31°57′24″N, 120°51′54″E	2009 - 03 - 8
	CJ - NT - 49	长江·南通	31°57′24″N, 120°51′54″E	2009 - 03 - 15
	CJ - NT - 50	长江·南通	31°57′24″N, 120°51′54″E	2009 - 03 - 22
	CJ - NT - 51	长江·南通	31°57′24″N, 120°51′54″E	2009 - 04 - 3

除了长江沉积物,本书还收集了其他环境的沉积物样品与长江样品进行比较,包括黄河沉积物、台湾河流沉积物、黄土等,样品信息见表2-2和图2-10。

表 2-2　黄河沉积物、黄土、粉尘等样品采样信息

样品	样品号	采样点	经纬度	采样日期
黄河河漫滩沉积物	VI-1 包头黄河	包头	40°30′25″N，109°46′45″E	—
	HH Zhengzhou	郑州	34°57′42″N，113°30′49″E	—
	HH Kenli	垦利	37°42′28″N，118°39′52″E	—
	9402 新黄河口	黄河入海口	37°46′33″N，119°15′48″E	—
	AHH1	苏北废黄河	34°22′12″N，120°05′20″E	—
黄河悬浮物	HH-01	黄河·包头	40°31′57″N，109°55′28″E	2009-4-4
	HH-02	窟野河	38°23′02″N，110°44′47″E	2009-4-5
	HH-03	秃尾河	38°30′15″N，110°20′31″E	2009-4-5
	HH-04	黄河·清涧	37°02′40″N，110°26′25″E	2009-4-6
	HH-05	黄河·河津	35°35′38″N，110°37′00″E	2009-4-8
	HH-06	黄河·潼关	34°36′36″N，110°17′17″E	2009-4-9
	HH-07	黄河·花园口	34°54′30″N，113°41′37″E	2009-4-10
	HH-08	黄河·济南	36°44′43″N，116°53′16″E	2009-4-11
	HH-09	黄河·垦利	37°36′20″N，118°32′10″E	2009-4-12
	HH-10	黄河·黄河口	37°45′44″N，119°09′41″E	2009-4-13
台湾河漫滩沉积物	TW-TQX	头前溪	24°45′37″N，121°04′31″E	2001-9-19
	TW-ZSX	浊水溪	23°48′35″N，120°28′08″E	2001-9-19
	TW-GPX	高屏溪	24°09′15″N，120°31′18″E	2001-9-19
黄土	Xi'an	西安 L2	34°17′54″N，109°04′24″E	—
	Mangshan	邙山黄土	34°56′33″N，113°31′01″E	—
北京沙尘暴粉尘	Dust-bench	沙尘·长椅	39°59′22″N，116°20′36″E	2006-4-17
	Dust-car	沙尘·汽车	39°59′23″N，116°20′19″E	2006-4-17
	Dust-window	沙尘·车窗	39°59′23″N，116°20′21″E	2006-4-17

样品	样品号	采样点	经纬度	采样日期
塔克拉玛干沙漠	TK - 073	塔克拉玛干沙漠	41°04′43″N, 83°29′02″E	—
	TK - 087	塔克拉玛干沙漠	39°41′43″N, 76°06′33″E	—
	TK - 096	塔克拉玛干沙漠	37°08′13″N, 79°31′40″E	—
	TK - 111	塔克拉玛干沙漠	38°28′35″N, 85°45′53″E	—

注:"—"采样日期不详

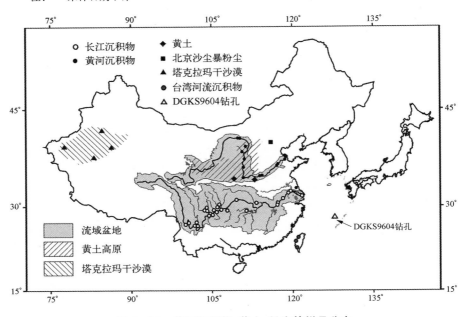

图 2‐10　黄河沉积物、黄土、粉尘等样品分布

2.3　样品分析方法

2.3.1　粒度分析

取低温烘干的沉积物样品约 0.15 g 放入 150 mL 烧杯中,加入约

10 mL 浓度为 30% 的 H_2O_2,水浴加热 8～10 h,除去样品中的有机质。然后加入 10 mL 1 mol/L 的稀盐酸去除样品中的碳酸盐,在 65℃ 水浴中反应 3 h。待冷却后,将烧杯注满去离子水,静置 24 h 后移去上层清液,加入 10 mL $(NaPO_3)_6$ 分散剂超声振荡 3～5 min 后,在同济大学海洋地质国家重点实验室,利用美国 Beckman Coulter LS230 型全自动激光粒度仪完成粒度测试,仪器的测量范围为 0.04～2 000 μm,重复测量的相对误差小于 1%。

2.3.2　无机元素含量分析

取 2 g 低温烘干并研磨后样品放入离心管,根据样品中碳酸钙含量情况向离心管里加入适量 1 N 的高纯盐酸,然后在 60℃ 纯水浴震荡,让样品和酸充分反应。将充分反应的样品离心,将上层清液保存,剩下离心管中的残渣用去离子水反复清洗,直至 pH 达中性。将离心管中的样品移入坩埚,放入烘箱 50 离低温烘干,将烘干的样品磨碎用锡纸包好待测。

常、微量元素样品处理流程:

(1) 把之前处理好的干样(约 100 mg)放入坩埚,在 600 坩马弗炉中灼烧 2 h,去除掉样品的有机质。

(2) 称取高温灼烧后的样品 30～45 mg,放入聚四氟乙烯溶样器中,同时准备一个重复样、一个空白样和三个标准样。

(3) 向样品中加入 1∶1 的 HNO_3,约 1 mL,再加入纯 HF 约 3 mL,超声震荡 1 h。超声振荡之后,在电热板上保温 24 h(150℃),将样品蒸干;再加 1 mL 1∶1 HNO_3,5 min 后加 3 mL HF。

(4) 然后放到加热板上保温 7 d,在此期间每天超声一次,每次至少半小时。

(5) 保温完毕后,将样品蒸干,然后加入 1∶1 HNO_3 约 4 mL,再超声震荡 30 min,放到加热板上保温,温度为 150℃。

(6) 用 2％的 HNO_3 稀释样品至样品重量的 1 000 倍,作为主量元素的待测溶液;在稀释 1 000 倍后的溶液中取出 4 g 左右,稀释 10 倍,作为微量元素的待测溶液。

常、微量溶液分别采用 ICP - OES(IRIS Advantage)和 ICP - MS 进行分析(PQ3,Thermo Elemental)。分析中使用国家标样(GSR - 5,GSR - 6,GSR - 9)、空白样进行校正。测量结果显示,常微量元素的分析误差为 5％～10％。前处理及测试工作在同济大学海洋地质国家重点实验室完成。

2.3.3　Fe 的不同化学相态分析

本书主要借鉴了 Poulton 和 Raiswell(2002,2005)的研究方法,根据沉积物中的 Fe 与可溶硫化物的反应性,分别定义了高活性 $Fe(Fe_{HR})$,低活性 $Fe(Fe_{PR})$ 和不活性 $Fe(Fe_U)$ 三种化学相态,三种化学相态的总和即为总 $Fe(Fe_T)$(具体描述见前言论述)。所有操作于 2010 年 11 月在同济大学海洋地质国家重点实验室完成,检测仪器为 ICP - OES(IRIS Advantage)和 ICP - MS(PQ3,Thermo Elemental)。

具体实验方法如下,详细操作过程如下:

(1) 样品烘干,研磨至小于 200 目左右。

(2) 提取 Fe_{HR}-连二亚硫酸钠的铁,步骤如下:

① 配制 500 mL 的 pH＝4.8 的缓冲溶液。在 500 mL 细口瓶中加入 10 mL 的冰醋酸(96％,MERK KGaA),称取 29.4 g 的柠檬酸钠(分析纯,国药),以去离子水稀释至 500 mL;

② 称取 0.5 g 连二亚硫酸钠(分析纯,上海展云化工有限公司)放入小烧杯中,加入 10 mL 刚刚配好的缓冲溶液,用玻璃棒搅拌;

③ 在 50 mL 离心管中加入 0.1 g 样品,再加入 10 mL 连二亚硫酸钠缓冲溶液,充分搅拌分散。在 2 h 的提取过程中,将离心管放入 25℃

水浴锅震荡；

④ 经过 2 h 的反应之后，将离心管在离心机中以 7 500 转的速度离心 10 min。将上层清液全部转移至预先称过质量的小瓶中，为待测液 A。扣除空瓶的重量，计算出溶液的净重。溶液 A 用 ICP-OES 测定，经换算得 Fe_{HR}。

（3）提取 Fe_{PR}-盐酸的铁（热浓盐酸法），步骤如下：

① 用去离子水将上一步操作离心管中的残渣转移到聚四氟乙烯烧杯中；

② 将烧杯放在电热板上把水蒸干；

③ 加入 10 mL 浓盐酸（37%，MERK KGaA），在 200℃ 的电热板上加热至沸腾；

④ 沸腾后持续反应 2 min 以上；

⑤ 冷却至室温后，将上层清液转移至已称重的小瓶，得到待测液 B，残渣留作下一步分析；

⑥ 用 ICP-OES 测定待测液 B 中铁的含量，得到 Fe_{PR}。

（4）Fe_U-HF 和 HNO_3 完全消解提取的铁

① 将上一步操作的残渣烘干，重新研磨，放入小坩埚中在 600℃ 温度下灼烧 2 h，去除有机质；

② 冷却后，称取约 30 mg 样品，向样品中加入 1∶1 的 HNO_3 约 1 mL，纯 HF 约 3 mL，密封后在电热板加热保温约 7 d，期间多次用超声波振荡；

③ 7 d 保温结束，用 2% 的 HNO_3 稀释样品，并用 ICP-OES 测定溶液的铁的含量，得到 Fe_U。

2.3.4　长江沉积物环境磁学分析

将样品置于塑料样品盒中，压实、固定后进行磁性测量。测量包括：

（1）低频（0.47 kHz）和高频（4.7 kHz）弱磁场中的磁化率（χ_{LF} 和 χ_{HF}）。

（2）饱和等温剩磁（SIRM，磁场强度为 1 000 mT）。

（3）带 SIRM 样品经强度为 -100 mT 和 -300 mT 反向磁场退磁后所带剩磁（IRM_{-100}，IRM_{-300}）。

磁化率测量选用英国 Bartington MS2 磁化率仪，剩磁测量选用 Dtech 2000 交变退磁仪、MMPM10 脉冲磁化仪和 Minispin 旋转磁力仪。根据测量结果，计算单位质量磁化率（χ）、频率磁化率（$\chi_{fd}\%$）、饱和等温剩磁（$SIRM=IRM_{1\,000\,mT}$）、硬剩磁（HIRM）等参数，以及比值参数 S_{-100}，计算方法见表 2-3。具体的计算方法、单位及矿物学含义可参阅 Thompson 和 Oldfield（1986）。所有环境磁学分析于 2009 年 7 月在华东师范大学河口海岸学国家重点实验室完成。

表 2-3 环境磁学参数计算公式

环境磁学参数	计 算 方 法
频率磁化率 $\chi_{fd}\%$	$\chi_{fd}\% = (\chi_{LF} - \chi_{HF}) / \chi_{LF} \times F$ 磁化
硬剩磁（HIRM）	$HIRM = SIRM + IRM_{-300}$
S_{-100}	$S_{-100} = 100 + gneti - IRM_{-100} / 200 + gn$

2.3.5 长江沉积物漫反射光谱实验

漫反射光谱分析（Diffuse Reflectance Spectrometry，DRS）技术通过检测待测物质对白光的反射和吸收信息，确定物质元素及矿物组成。研究表明，漫反射光谱对土壤和沉积物中的铁氧化物矿物十分敏感，是识别和估计土壤、沉积物中的铁氧化物矿物的重要手段（Deaton 和 Balsam，1991；Ji 等，2002；季峻峰等，2007）。

对待测样品,首先用玛瑙研钵将样品研磨至 200 目以下,将研磨好的沉积物粉末样品取一小部分放在干净的薄片上,加蒸馏水使粉末呈泥浆状,并把它涂平,在低温下(小于 40℃)烘干,完成待测薄片制备。

沉积物漫反射光谱的分析仪器为 Perkin‐Elmer Lambda 900 分光光度计(Perkin‐Elmer Corp. , Norwalk,CT),其扫描范围为 190～2 500 nm,扫描间隔为 5 nm。其中 400～700 nm 之间的数据为可见光部分。

计算反射光谱的一阶导数,来定量表示反射光谱曲线倾斜变化,即曲线的斜率。具体计算方法是相邻两光谱值之差除以光谱间隔值 5 nm,即为第一点的一阶导数值。计算一阶导数是因为反射光谱图相对较为平缓,而反射光谱的一阶导数曲线则包含了更多的峰或谷,可以更好地指示矿物的组成和含量。

本研究的漫反射光谱实验于 2009 年 6 月在南京大学内生金属矿床成矿机制研究国家重点实验室完成。

2.3.6　冲绳海槽 DGKS9604 钻孔沉积物^{234}U/^{238}U 同位素分析

由母岩中风化形成的岩石颗粒物质,当粒径小到一定程度的时候(小于 65 μm),其内部的^{234}U/^{238}U 就处于一种不平衡状态,^{238}U 不断衰变成^{234}U,该比值在颗粒物质被搬运的过程中不断地变化。通过检测最终沉积物的^{234}U/^{238}U 比值,便可以推测颗粒物质从粉碎到一定粒径至被发现的时间(Comminution time),扣除沉积埋藏时间,便可以得到沉积物的搬运时间(DePaolo 等,2006;Dosseto 等,2008)。本书利用冲绳海槽钻孔样品,分析不同深度样品^{234}U/^{238}U 比值,尝试计算其搬运时间。

冲绳海槽 DGKS9604 钻孔采样点及样品信息见余华(2006),Dou 等(2010a,b)和窦衍光(2010)。沉积物^{234}U/^{238}U 同位素分析如下:

（1）称取约 0.5 g 沉积物样品，用 1.5 N HCl 淋滤，去除碳酸盐组分。剩余残渣经过去离子水清洗后，加入浓 HF＋HNO$_3$＋HClO$_4$ 完全消解。

（2）消解后的溶液通过 1 mL Uteva 填充的离子交换柱。

（3）依次用 5 N 的 HNO$_3$ 淋洗杂质金属离子（Matrix Metals），5 N 的 HCl 淋洗 Th，最后用 0.05 N 的稀 HCl 淋洗固定在树脂上的 U，保存在聚四氟乙烯的小烧杯中。

（4）将富集了 U 的 0.05 N 的 HCl 淋洗液蒸干再次加入浓 HF＋HNO$_3$＋HClO$_4$ 完全消解，保证从树脂中被带出的有机杂质被去除。

（5）最终消解的溶液用稀 HNO$_3$ 稀释，分别用 ICP－MS（Thermo Scientific ELEMENT2）测试样品中 U 的含量；用 MC－ICP－MS（Nu Instrument）测试样品中 ^{234}U$/^{238}$U 的比值。

U 同位素分析实验于 2009 年 9 月—2010 年 9 月在加拿大 University of British Columbia 的太平洋同位素及地球化学研究中心（PCIGR-Pacific Centre for Isotopic and Geochemical Research）完成。

第3章

长江干、支流沉积物 CIA 的分布特征

3.1 地表风化过程的研究意义

3.1.1 风化过程与全球碳循环过程

表生环境下的化学风化是发生在岩石圈、生物圈、水圈和大气圈之间的重要过程,是元素在地表迁移与转化的重要方式(Krauskopf 和 Bird,1995),对全球碳循环有着重要的影响(Meybeck,1987;Raymo 和 Ruddiman,1992;Suchet 和 Probst,1995;Gaillardet 等,1999b;Ludwig 等,1999;Kump 等,2000;Berner 和 Kothavala,2001;Mortatti 和 Probst,2003;Suchet 等,2003;West 等,2005;Douglas,2006;Gislason 等,2006;Cai 等,2008;Hilley 和 Porder,2008;Hartmann 等,2009)。岩石的风化作用同时参与了短时间尺度和长时间尺度的全球碳循环,不同类型的风化,对全球碳循环的贡献有不同的时间尺度。碳酸岩的风化主要在短时间尺度上对大气二氧化碳循环产生影响,但在长时间尺度上不会产生净碳汇。根据风化的化学反应方程(式(3-1)):

$$CaCO_3 + CO_2 + H_2O \longrightarrow Ca^{2+} + 2HCO_3^- \qquad (3-1)$$

$$Ca^{2+} + 2HCO_3^{2-} \longrightarrow CaCO_3 + CO_2 + H_2O \qquad (3-2)$$

$$SiO_4^{4+} + 4CO_2 + 4H_2O \longrightarrow 4HCO_3^{2-} + H_4SiO_4 \qquad (3-3)$$

虽然每消耗 1 mol 大气 CO_2 会产生 2 mol HCO_3^- 水溶液,但是大陆碳酸盐风化产物在海洋中又会重新沉淀为碳酸盐(式(3 - 2)),将 1 mol CO_2 释放到大气中。因此,大陆碳酸盐的风化对于大气 CO_2 的浓度并没有影响。而硅酸盐类的风化过程(式(3 - 3)),由于反应速率较慢,在短时间尺度上对全球碳循环及其变化反应不灵敏,但其风化产物中的 HCO_3^- 完全来自大气 CO_2,所以,每 1 mol SiO_4^{4+} 风化,就有 2 mol 大气 CO_2 被吸收(陈骏等,2004)。因而在地质时期尺度上,真正消耗大气 CO_2 的风化作用是硅酸盐矿物的化学风化。

地表硅酸岩的风化是碳循环研究中极为重要的一个环节,是在各种环境因素相互作用下一个极为复杂的过程。在"从源到汇"研究方法中,风化过程是沉积物产生的最主要途径,深入了解风化过程的机理对于揭示元素从陆地到海洋循环过程具有决定性作用。

3.1.2　风化过程的机理和影响因素

自然界的化学风化特征,一般可以划分为如下两类反应类型(张经,1997;Drever 和 Marion,1998): ① 协同式风化,是指固体完全溶解,没有残余的次生固体相,如表生环境中的碳酸盐(方解石、白云石)、硫化物和无机盐类等的风化过程;② 非协同式风化,是指发生在原生矿物蚀变过程中,同时伴随着次生固相的生成。可区分为两类反应,一是原生矿物相溶解完全,次生产物是从溶液中沉淀出完全不同的相;二是离子从固相中淋滤,但固相的结构仍然保留,如钠长石蚀变成三水铝石等。

一直以来,关于化学风化的控制影响因素,存在很大争议,尤其是物理风化与化学风化的关系。众多学者在不同研究中都发现强烈的物理剥蚀将促进化学风化进行(Stallard 和 Edmond,1983;Raymo 等,1988;Raymo 和 Ruddiman,1992;Edmond 和 Palmer,1996;Gaillardet 等,

1999b)。但关于物理风化与化学风化的定量关系，一直以来存在很多争议。Riebe 等(2001，2004)认为，物理剥蚀速率与化学风化之间存在线性的关系。Millot 等(2002)在研究中发现，化学风化速率与物理剥蚀速率成指数关系，化学风化速率为物理剥蚀速率的 0.66 次幂。West 等(2005)在研究了全球数据之后，认为在快速剥蚀的地区化学风化速率仅为剥蚀速率的 0.37 次幂。但也有学者指出，物理剥蚀与化学风化之间也存在相互削减的关系。Carson 和 Kirkby(1972)认为，物理剥蚀速率较快的地区，通常发育较薄的风化壳，河流流经较薄的风化壳，所溶解的离子含量也较低。也就是说，较薄的风化壳，限制了河流与岩石或土壤的接触时间，从而抑制了风化的进行(Oliva 等，2003；Gabet 等，2006)。最近有学者(Gabet，2007)指出，化学风化与物理剥蚀速率的关系取决于频率量级指数 β(Frequency-Magnitude Exponent)。在山崩或泥石流频发的地区，当 β 超过某一阈值时，强烈的物理剥蚀反而限制了化学风化的进行(图 3-1)。

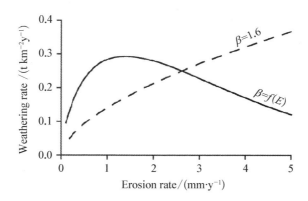

图 3-1　风化与物理剥蚀速率的关系(图片来自 Gabet，2007)

除了物理风化，其他因素，如径流、气候、植被等对化学风化的影响也存在很大的争议。其中之一便是化学风化对气候因素的响应，特别是温度。Velbel(1993)试验研究展示矿物溶解强烈地依赖温度，但这种依赖性在自然环境下却常因为其他因素与温度的共同作用时变得模糊不清。White 和 Blum(1995)认为温度对化学风化的影响依赖于降水量。在降水少的盆地,温度造成的风化作用相当低,而只有十分干燥的流域,温度对风化作用的影响才明显。同样不确定的还有植被对化学风化的影响。一方面,由于根部的呼吸作用、有机体的分解等产生大量有机酸、无机酸、螯合剂等强烈腐蚀岩石矿物,明显加剧了化学风化作用;同时植物生长造成的岩石矿物破碎也对机械剥蚀有一定的贡献。而另一方面,由于植被的覆盖,形成了土壤保护层,减少了岩石的暴露面积,又阻止了风化作用向深部的发生(李晶莹等,2002)。

3.1.3 大河流域盆地的风化研究

河流是沟通陆地和海洋的重要桥梁,河流的碳通量是全球碳循环的一个重要环节。目前对一些主要大河流域二氧化碳溶解的研究显示在这些河流中的 CO_2 浓度大约是预期的大气浓度(370 ppm)平衡时所获得的浓度的 $10 \sim 15$ 倍,尤其是在河流下游最为明显(Gaillardet 等,1999;Watson 等,2000;Mortatti 和 Probst,2003)。这些观察资料显示,河流并不是简单地把碳从陆地搬运到海洋,同时也是接受大气 CO_2 的去气源(因为 CO_2 在水中的停留时间为 4 d),因而在全球的碳循环研究中必须关注大河流域的作用。

除了碳循环研究,大河在物质源汇研究中扮演的角色更是举足轻重。岩石风化作用的产物主要是由河流搬运至海洋,据估算,世界每年由河流输送入海洋的颗粒沉积物和溶解物总量分别约为 15.5×10^9 t 和 4×10^9 t(Martin 和 Whitfield,1983;Milliman 和 Meade,1983),二者的输送总量相当于大气途径入海物质量的 100 倍(李晶莹等,2002)。因此,大河流域的风化作用作为表生环境中元素地球化学循环的一个重要组成部分,在陆源物质从源到汇研究中必须深入考虑。

　　Martin 和 Meybeck(1979)根据全球表面岩石与河流的平均组成计算得到,河流中常量元素(大于 1 mg/kg)即 K、Na、Ca、Mg、Si、Al、Fe、Ti 等主要来自陆地岩石的风化作用。将河流水化学研究集中在常量元素上,首先因为它们是溶解态的主要组成部分,而相对于痕量元素,它们对人为活动的敏感性差,不容易受人类污染的干扰。但需要注意的是,河流中溶解的离子既有来自大气的输送,也有人类活动的贡献(Meybeck,1987;Gaillardet 等,1999b),因此在研究河流中元素的风化作用时,一定要扣除大气输入和人类排放的份额。据 Meybeck(1987)的估算,来自化学风化作用的河流总溶解载荷为 2.14×10^9 t/y。但是,相对于易溶元素,如 K、Na、Ca 等,岩石风化后产生的难溶元素,如 Al、Fe、Ti 主要还是以颗粒态的形式存在。Poulton 和 Raiswell(2002)的计算结果表明,作为海洋生产力的限制元素之一,Fe 主要通过河流颗粒态输入到大洋中(表 3 - 1)。另一方面,河流溶解态物质和颗粒态物质反映的风化尺度也不相同,溶解态反映的是短时间尺度上的风化产物,在地质历史时期来看,几乎是瞬时的。而颗粒态物质反映的是一个综合的风化历史,可能是经历了多个沉积旋回之后的风化产物(Li 和 Yang,2010)。

表 3 - 1　全球入海 Fe 的通量(Poulton and Raiswell, 2002)

来　源	通量(Tg of Fe/y)
河流颗粒态	625 to 962
河流溶解态	1.5
冰川沉积物	34 to 211
大气输入[1]	16
海岸侵蚀	8
海底热液	14
海洋自生	5

注:[1] 数据引自 Jickells 等(2005)

3.2 长江流域河流水化学和风化过程研究

长江流域以其独特的地质、地理环境成为研究风化过程的理想场所。首先,长江是世界第三大河,流域面积 1.81×10^6 km²,接近中国大陆面积的 19%。多年(1951 年—2005 年)平均输沙量为 4.14 亿 t (水利部长江水利委员会,2009)。其次,长江发源于青藏高原,流域受季风影响显著,各种类型的源岩都有发育,研究流域风化特征有助于了解构造隆升和季风气候对风化的影响。第三,长江中下游地区是世界上人口最密集的区域之一,强烈的人类活动对流域生态与河流水环境产生巨大压力;与此同时,长江流域已建设各种类型水库 50 000 多座,尤其是世界最大的水利工程之一——三峡大坝,对长江的水量和输沙量产生了巨大的影响。因此,分析长江溶解态和颗粒态元素组成,对于深入认识流域自然风化过程,碳循环及人类活动对河流地球化学组成有重要意义。过去几十年,长江因其重要的科学地位,而成为广大学者关注的焦点。

长江河流水化学的研究始于 20 世纪 60 年代初,全球河流水化学经典文献中对长江都有报道(Martin 和 Meybeck,1979;Gaillardet 等,1999;Gaillardet 等,1999),但大多数数据采集年代较久且样品代表性较差。2000 年之后,众多学者,尤其是中国学者先后开展了一系列对长江溶解态、颗粒态化学组成特征、入海通量及其控制因素和流域盆地的化学风化等方面的研究,取得了丰硕成果(表 3 - 2)。

表 3–2　近年来长江溶解态、颗粒态化学研究和风化研究汇总

研究方向	作　者	河　流	时　间	主要研究内容
河流水化学	乐嘉祥等	500 条河流	1963 年	中国河水化学图、总硬度图
	胡明辉等	长江、黄河等	1982 年	河水的离子组成主要受碳酸盐和蒸发盐风化作用的影响
	屈翠辉等	长江、黄河等	1984 年	河流悬浮物化学成分及控制因素
	许越先	30 余条河流	1984 年	离子径流模数及其入海通量
	邓伟	长江源头	1988 年	长江水化学组成特征
	Chen 等	长江	1996 年、2002 年	长江水化学特征
	张立成等	长江及其支流	1990 年、1992 年	主要化学指标和地理特征
	Qu 等	中国主要河流	1993 年	中国主要河流溶解态和颗粒态元素地球化学
	Zhang 等	长江	1995 年	长江河流及河口地区痕量金属元素
	陈静生等	长江、黄河等	1998 年、2000 年、2006 年	河流的水质变化及离子组成
	杨守业等	长江	1999 年、2000 年 a、2000 年 b、2001 年	长江元素组成及入海通量
	韩贵琳等	乌江水系	2000 年	河水化学组成及其离子来源
	夏星辉等	长江水系	2000 年	岩性和气候对河水化学影响定量研究
	Li 等	长江	2007 年	长江可溶营养盐的长期变化
	夏学齐等	长江及其支流	2008 年	河流离子化学特征
	Noh 等	长江、黄河等	2009 年	河流化学风化
	李丹等	中国东部河流	2009 年、2010 年	河流水化学特征和入海通量
	刘明等	长江、黄河	2009 年	入海沉积物元素对比
	茅昌平	长江	2009 年	沉积物元素地球化学
	王亚平等	长江及其支流	2010 年	河流离子的化学成因

研究方向	作　者	河　流	时　间	主 要 研 究 内 容
流域风化	李景保	洞庭湖水系	1989 年	离子径流与化学剥蚀作用
	Zhang 等	长江	1990 年、2003 年	河水化学与化学风化的关系
	张经等	中国主要河口	1997 年	风化对河流化学成分的控制
	李晶莹等	长江、黄河等	2002 年、2003 年	风化作用与全球气候变化
	Yang 等	长江、黄河	2004 年	长江流域和黄河流域的风化特征
	Li 等	长江、黄河	2005 年	化学风化及大气 CO_2 消耗
	Qin 等	岷江	2006 年	物理风化与化学风化的关系
	Chetelat 等	长江	2008 年	人类活动影响及化学风化
	Wu 等	长江及其支流	2008 年 a、2008 年 b	硅酸盐风化及 CO_2 的消耗
	朱先芳等	长江、黄河等	2010 年	化学风化研究进展综述
流域碳循环过程	Zhai 等	长江口	2007 年	河口地区碳酸盐系统及 CO_2 的吸收
	Cai 等	长江、黄河等	2008 年	风化强度比较及 HCO_3^- 通量
同位素组成	赵继昌等	长江河源区	2003 年	河水主要元素与锶同位素来源
	Ding 等	长江	2004 年	长江 Si 同位素组成特征
	Yang 等	长江	2007 年	长江沉积物 Sr/Nd 同位素组成
	Wang 等	长江	2007 年	长江溶解态和颗粒态 Sr 同位素组成
	杨守业等	长江	2007 年	长江沉积物 Sr/Nd 同位素组成
	Chetelat 等	长江	2008 年	B 同位素地球化学
	汪齐连等	长江	2008 年	长江 Li 同位素研究

3.3　以化学蚀变指数指示
长江流域的风化特征

3.3.1　评价化学风化的指标

如何评价大陆化学风化的程度,不同学者提出了不同的指标。Duzgoren-Aydin 等(2002)系统地总结了前人用来描述化学风化的参数,发现有 30 多种不同的替代指标。在所有这些方法中,化学蚀变指数(CIA —— Chemical Index of Alteration)无疑是应用最广泛的一种(McLennan, 1993;Yang 等,2004;Li 和 Yang,2010)。Nesbitt 和 Young(1982)在对加拿大古元古代超群的碎屑岩研究时首次提出可以利用长石类矿物风化成黏土矿物的程度作为反映源区化学风化程度的指标。其定义为

$$CIA = Al_2O_3 / (Al_2O_3 + CaO^* + Na_2O + K_2O) \times 100 \quad (3-4)$$

式(3-4)中所有主成分都以 mol 表示,CaO^* 是指硅酸盐中的 Ca。一般认为未风化的新鲜岩石 CIA 为 50,而完全风化产物 CIA 为 100。

McLennan(1993)首次将 CIA 应用于比较全球河流悬浮沉积物的风化程度,结果发现沉积物产量(Sediment Yield)与沉积物风化历史之间有一个负的相关性,并据此定义了平衡剥蚀地区(Equilibrium Denudation Region)和非平衡剥蚀地区(Nonequilibrium Denudation Region)(图 3-2)。较低的沉积物产量可以被归因于中度的侵蚀或风化较弱的冰川碎屑的混入。而加速风化则会导致较高的沉积物产量,主要是因为人类活动的影响,如农业用地。

最近,在前人工作基础之上,Li 和 Yang(2010)系统计算了全球 40 多条河流悬浮物的 CIA 值,讨论了全球范围内河流颗粒物 CIA 的影响因素。结果表明,在全球范围内,CIA 对气候、地形、水文条件等的响应

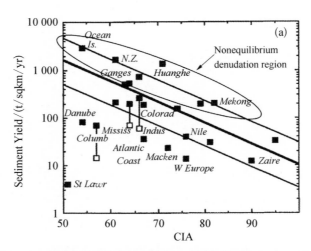

图 3 - 2　全球河流沉积物产量与 CIA 的关系(**McLennan,1993**)

并不明显。但在局部地区,例如中国东部主要河流,其悬浮物的 CIA 值与气温、降雨、径流量等条件有较高的相关性(图 3 - 3)。这反映了 CIA

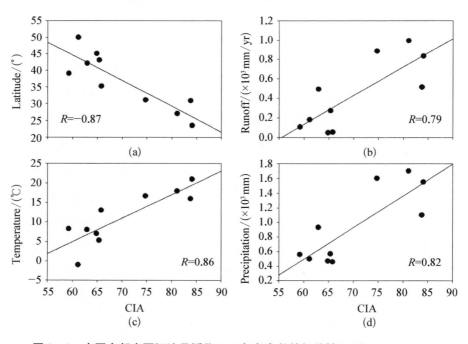

图 3 - 3　中国东部主要河流悬浮物 CIA 与各参数的相关性(**Li 和 Yang, 2010**)

受不同地区岩性的差异影响较大,但在局部地区还是可以较好地反映风化的强弱。

虽然前人对长江流域 CIA 都有报道(Yang 等,2004;茅昌平,2009;Li 和 Yang,2010),但大都局限在个别采样点,没有对长江流域内不同干、支流之间的 CIA 做系统调查和比较。因此,本书将系统调查比较长江不同干流和支流样品(具体采样点见图 2-9 和表 2-1),河漫滩沉积物和悬浮物间 CIA 的分布情况,同时选择南通站位连续观测,讨论 CIA 在长江下游的季节性变化。

3.3.2 长江干、支流沉积物的 CIA 分析结果

长江流域不同干流和支流间 CIA 的分布情况见表 3-3。

表 3-3 长江流域不同干流和支流 CIA 及平均粒径的分析结果

样 品 名	样品编号	河流-采样点	CIA	平均粒径(Φ)
悬浮物	04CJ1-1	金沙江·石鼓	69	3.5
	04CJ3-1	金沙江·攀枝花	72	5.0
	04CJ4	大渡河·乐山	69	3.9
	04CJ6-1	金沙江·宜宾	73	4.2
	04CJ9	长江·泸州	73	6.3
	04CJ11	长江·重庆	69	5.7
	04CJ12	长江·万州	72	7.8
	04CJ14	汉江·仙桃	69	—
	CJ-Datong	长江·大通	—	7.5
	NJ-SS	长江·南京	76	—
	ZJ-1-SS	长江·镇江	75	—
	ZJ-2-SS	长江·镇江	75	—
	NT-mean	长江·南通	73	7.3

样 品 名	样品编号	河流-采样点	CIA	平均粒径(Φ)
悬浮物	CX‑SS	长江·长兴岛	71	—
	平均值	—	72	5.7
	标准偏差	—	3	1.6
	变异系数	—	4	29
河漫滩沉积物	CJ3‑3	金沙江·静安	66	3.8
	CJ4‑1	雅砻江·攀枝花	59	5.3
	CJ5‑3	金沙江·攀枝花	—	5.3
	CJ7‑4	大渡河·乐山	62	3.3
	CJ9‑3	长江·宜宾	62	3.7
	CJ11	岷江·宜宾	65	3.3
	CJ13‑2	长江·泸州	60	3.7
	CJ14‑1	沱江·泸州	64	7.2
	CJ16‑1	涪江·合川	60	3.2
	CJ17‑1	嘉陵江·合川	—	3.8
	CJ20‑1	乌江·涪陵	56	7.6
	YJ1‑1	沅江·常德	64	7.3
	CJ26‑1	长江·大通	65	7.9
	CJ4·崇明	长江·崇明岛	—	5.3
	平均值	—	62	5.0
	标准偏差	—	3	1.8
	变异系数	—	5	35

　　结果显示,所有悬浮物样品的 CIA 平均值为 72,变异系数为 4%;河漫滩沉积物的 CIA 平均为 62,变异系数为 5%。悬浮物样品的 CIA 明显高于河漫滩沉积物,变异系数显示波动范围略小于河漫滩沉积物。悬浮物平均粒径为 5.7Φ,变异系数为 29%;河漫滩沉积物平均

粒径为 5.0Φ,变异系数为 35%,悬浮物平均粒径略细于河漫滩沉积物。

　　长江干、支流样品平均粒径与 CIA 的关系见图 3-4。悬浮物样品的 CIA 明显高于河漫滩沉积物样品。但平均粒径与 CIA 之间并没有明显的线性相关性。

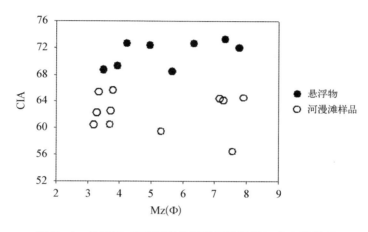

图 3-4　长江干、支流沉积物样品平均粒径与 CIA 的关系

　　长江干支流样品 CIA 在流域内的分布情况见图 3-5。悬浮物样品的 CIA 在上游和中下游有明显区别,上游平均值为 66±5,中下游 CIA 为 71±5。相比悬浮物样品,河漫滩沉积物样品的 CIA 波动更加明显,尤其是支流样品。整体上看,悬浮物样品的 CIA 值普遍高于河漫滩样品。

　　相比 CIA 的变化,平均粒径在不同流域差异较显著。由上游向下游悬浮物样品的平均粒径逐渐变细,干流河漫滩沉积物样品也有类似趋势,但支流河漫滩样品差异较大。例如沱江河漫滩沉积物平均粒径细达 7.2Φ,而涪江河漫滩样品的平均粒径则较粗,为 3.2Φ。但悬浮物和河漫滩沉积物样品平均粒径的平均值差别并不大。

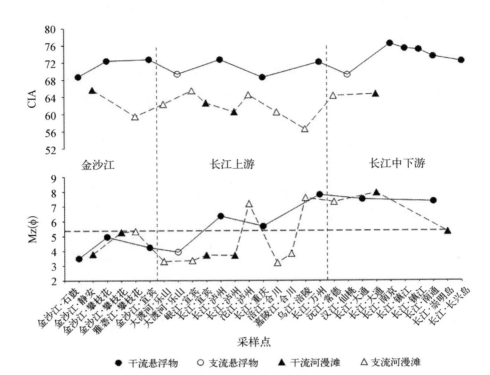

图 3-5　长江干、支流样品 CIA 和平均在流域的分布

3.3.3　南通地区长江干流季节性悬浮物 CIA 组成

南通地区长江干流季节性悬浮物样品的 CIA 分析结果见表 3-4。

表 3-4　南通地区长江干流季节性悬浮物样品 CIA 和平均粒径

样 品 名	采 样 日 期	CIA	平均粒径(Φ)
CJ-NT-02	2008-4-10	76	7.2
CJ-NT-03	2008-4-18	79	7.8
CJ-NT-04	2008-4-24	76	7.4
CJ-NT-05	2008-4-29	74	7.3
CJ-NT-06	2008-5-9	75	7.4

样　品　名	采 样 日 期	CIA	平均粒径(Φ)
CJ - NT - 07	2008 - 5 - 15	73	7.7
CJ - NT - 08	2008 - 5 - 21	72	7.8
CJ - NT - 09	2008 - 5 - 27	74	7.3
CJ - NT - 10	2008 - 6 - 6	70	7.1
CJ - NT - 11	2008 - 6 - 15	76	7.7
CJ - NT - 12	2008 - 6 - 20	72	7.0
CJ - NT - 13	2008 - 6 - 27	77	7.6
CJ - NT - 14	2008 - 7 - 4	77	7.5
CJ - NT - 15	2008 - 7 - 11	76	7.7
CJ - NT - 16	2008 - 7 - 18	73	7.0
CJ - NT - 17	2008 - 7 - 24	72	7.4
CJ - NT - 18	2008 - 8 - 2	73	7.1
CJ - NT - 19	2008 - 8 - 8	72	7.1
CJ - NT - 20	2008 - 8 - 14	74	7.7
CJ - NT - 21	2008 - 8 - 22	72	6.9
CJ - NT - 22	2008 - 8 - 29	72	7.4
CJ - NT - 23	2008 - 9 - 6	72	7.6
CJ - NT - 24	2008 - 9 - 11	73	7.6
CJ - NT - 25	2008 - 9 - 19	69	7.1
CJ - NT - 26	2008 - 9 - 26	70	7.5
CJ - NT - 27	2008 - 10 - 4	70	7.3
CJ - NT - 28	2008 - 10 - 11	74	7.5
CJ - NT - 29	2008 - 10 - 18	70	7.3
CJ - NT - 30	2008 - 10 - 25	73	7.6
CJ - NT - 31	2008 - 11 - 1	73	7.4
CJ - NT - 32	2008 - 11 - 8	77	8.0

样　品　名	采　样　日　期	CIA	平均粒径（Φ）
CJ - NT - 33	2008 - 11 - 15	72	7.3
CJ - NT - 34	2008 - 11 - 22	76	7.5
CJ - NT - 35	2008 - 11 - 29	74	6.9
CJ - NT - 36	2008 - 12 - 6	76	7.4
CJ - NT - 37	2008 - 12 - 14	73	7.2
CJ - NT - 38	2008 - 12 - 20	76	7.6
CJ - NT - 39	2008 - 12 - 27	75	7.2
CJ - NT - 42	2009 - 1 - 15	73	7.4
CJ - NT - 43	2009 - 1 - 20	75	7.5
CJ - NT - 44	2009 - 2 - 4	73	7.3
CJ - NT - 45	2009 - 2 - 10	72	6.9
CJ - NT - 48	2009 - 3 - 8	75	7.5
CJ - NT - 49	2009 - 3 - 15	71	7.1
CJ - NT - 50	2009 - 3 - 22	76	7.3
CJ - NT - 51	2009 - 4 - 3	76	7.7
洪季平均值	—	73	7.4
洪季标准偏差	—	2	0.3
洪季变异系数	—	3	4
枯季平均值	—	75	7.4
枯季标准偏差	—	2	0.3
枯季变异系数	—	3	4
全年平均值	—	74	7.4
全年标准偏差	—	2	0.3
全年变异系数	—	3	4

洪季(5—10 月)悬浮物的 CIA 平均为 73,变异系数为 3%;枯季悬浮物的 CIA 平均为 75,变异系数也是 3%。洪季悬浮物的平均粒径为 7.4Φ,变异系数为 4%;枯季样品平均粒径为 7.4Φ,变异系数也是 4%。总体来看,南通悬浮物 CIA 季节性变化不大,枯季比洪季 CIA 略高,而平均粒径几乎没有差异。一年总的 CIA 平均为 74,变异系数为 3%。

南通干流悬浮物平均粒径和 CIA 之间的关系见图 3 - 6。枯季样品的 CIA 与平均粒径的相关系数为 0.41,高于洪季样品与 CIA 的相关性(相关系数为 0.22)。

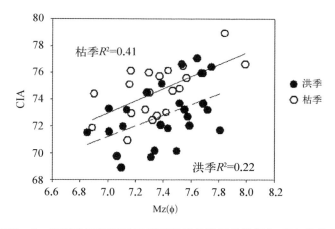

图3 - 6　南通地区长江干流季节性样品的平均粒径与 CIA 的关系

南通地区干流悬浮物的 CIA 与平均粒径组成的季节性变化见图 3 - 7。

4 月份的 CIA 较高,全年最大值出现在 2008 年 4 月 18 日的样品中。5 月—6 月份 CIA 在平均值上下有较大波动。从 6 月底—9 月,CIA 明显逐渐降低,一直持续到 9 月底。其中,7 月—9 月三个月的 CIA 明显低于全年平均值。之后又呈现出逐渐升高的趋势,在 11 月份达到稳定。从 11 月—次年 4 月,CIA 的变化不大,在全年平均值上下波动。

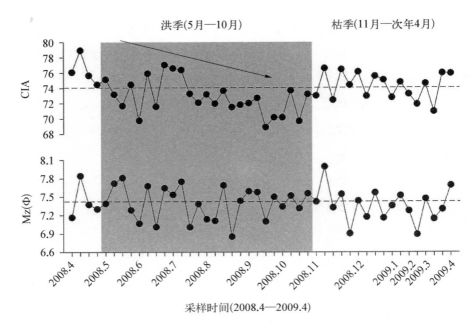

图 3‑7　南通地区长江干流悬浮物的 CIA 与平均粒径 Mz 随时间分布

3.4　长江干、支流沉积物中 CIA 组成的控制因素

　　黏土矿物作为岩石化学风化的最主要产物,风化程度越高,黏土矿物含量也越高(陈骏等,2004),相应的沉积物颗粒也越细。因此,在本书调查数据显示,长江流域不同干、支流悬浮物样品 CIA 普遍比河漫滩沉积物 CIA 要高(表 3‑3)。但另一方面,平均粒径与 CIA 的相关性分析结果显示(图 3‑4),平均粒径与 CIA 的相关性很差。在现有数据基础上,还很难解释出现这一结果的原因,怀疑与部分样品粒度数据的欠缺有关。由于种种原因,本书没有获得部分长江下游悬浮物(NJ‑SS、ZJ‑1‑SS、ZJ‑2‑SS、CX‑SS)粒度数据。本研究结果显示下游悬浮

物样品的 CIA 较高,而一般认为中下游悬浮物粒度较细,粒度与 CIA 的相关性也更好。综合上游及中下游粒度数据之后,可能 CIA 与粒度之间的规律性会更加明显。

自上游至下游,长江中下游悬浮物 CIA 明显高于上游悬浮物,暗示了中下游硅酸盐岩的化学风化程度比上游要高。化学风化的强弱受多种因素的影响(Zhang 等,1990;McLennan,1993;Gaillardet 等,1999a)。Yang 等(2004)的研究显示,长江流域的化学风化,主要还是受气候影响,岩性和地形地貌的影响次之。长江流域自然地理环境十分复杂,在地理纬度、海陆分布状况和地形条件的控制下,长江流域主要是亚热带季风气候,同时,流域局部范围内又存在特殊的区域气候特征。

长江流域的年平均气温主要表现为东高西低、南高北低的分布趋势。其中,中下游地区高于上游地区,江南高于江北,江源地区是全流域气温最低的地区(图 2-4)。由于降雨在长江流域时间和空间上分布的差异,使长江流域形成两大干湿气候类型,即长江中下游地区的春雨、梅雨、伏秋旱型和长江上游地区(包括汉江上游地区)的冬春旱、夏秋雨型(长江水利网,2010)。

长江流域多年平均降雨量约为 1 100 mm,但在不同地区、不同季节仍存在较大差异。总的来说,年降雨量总的分布趋势是江南大于江北,中下游地区多于上游地区,从东南向西北呈递减态势(图 2-5,图 2-6)。长江流域大部分地区的年降雨量为 1 000~1 600 mm,中下游地区平均为 1 440 mm,其中江南地区为 1 470 mm,湘西北赣东北暴雨中心区年降雨量在 2 000 mm 以上,江北地区为 1 320 mm,汉江流域平均为 930 mm;长江上游地区年平均降雨量为 940 mm,其中乌江流域和上游干流区间接近 1 100 mm,嘉陵江和岷沱江流域约 970 mm,金沙江流域平均约 800 mm 以上,西北部只有约 500 mm,江源地区降雨量最少,平均 200~300 mm(长江水利网,2010)。

总体来看,长江上游气温较低,降雨量少;中下游地区气温较高,降雨量也多。所以中下游地区气候更利于化学风化的进行,表现为中下游悬浮物样品 CIA 较上游地区明显偏高,这一结论与茅昌平(2009)报道的结论基本一致。

3.5 南通地区干流季节性悬浮物的 CIA 组成控制因素

南通地区长江干流悬浮物的平均粒径为 $7.4\pm0.3\Phi$,明显比流域悬浮物要细($5.7\pm1.6\Phi$)。相比长江流域干、支流沉积物中 CIA 与平均粒径的关系,南通干流季节性悬浮物 CIA 与平均粒径的相关性更高(图 3-6),暗示了细粒级组分中 CIA 与平均粒径的相关性更好。

根据上一节分析可知,在长江流域干流不同地区悬浮物的 CIA 有明显差别,上游悬浮物的 CIA 平均值为 71 ± 2,中下游干流悬浮物平均值为 74 ± 2。南通干流悬浮物在不同季节来源上的差异,推测是导致其 CIA 产生季节性变化的主要原因。在东亚夏季风的影响下,长江流域的雨季每年从 4 月—5 月份开始,10 月份结束,雨带由东南向西北推进。通常情况下,4 月份期间,长江中下游以南地区,尤其是洞庭湖、鄱阳湖流域雨季最先开始。5 月份上游雨季也逐渐开始(张录军等,2004)。气象统计资料显示,2008 年 4 月份,长江下游安庆降雨已经开始增多,而此时上游宜宾地区降雨量还较低,南通悬浮物物源组成上、中下游供应所占比例较高,因此,CIA 相对较高;进入 5 月,各流域降雨继续增加,而上游的宜宾地区降雨增加更为显著(图 3-8)。所以,此时整个流域内降雨由中下游地区渐渐向上游推进,沉积物来源也相应改变,上游贡献逐渐增加,表现为 CIA 逐渐降低(图 3-7)。

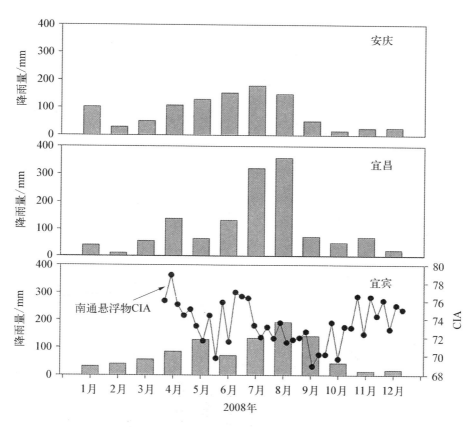

图 3-8 2008 年 1 月—12 月长江流域主要城市的月降水量

6 月—7 月,长江中下游地区开始经历梅雨季节,雨带徘徊于干流两岸,东西分布。同时雨带继续向西北移动,长江流域全面进入雨季。中游宜昌地区降雨突增,在强降雨冲刷下,下游供应有所增加,上游和中下游供应的物质相当。因此,6 月—7 月期间南通的悬浮物 CIA 值有短暂升高趋势,但还是基本维持在全年平均水平上下波动(图 3-7,图 3-8)。

7 月末—8 月,雨带移至四川和汉江流域,呈东北—西南方向向分布,此时长江中下游和川东地区受副热带高气压控制,出现伏旱天气(张录军等,2004)。降雨数据显示(图 3-8),中游、上游的宜昌和宜宾降雨都达到全年最大值,上游物质贡献显著增加,此时,南通的 CIA 明显低于全年平均值。9 月份,中下游地区如宜昌和安庆降雨量相对 8 月份开始回落,尤其宜昌地区降雨大幅减少。上游宜宾降雨量虽然较 8 月有所下降,但仍高于中下游城市降雨量。上游供应在南通入海物质中达到全年最大,南通 CIA 出现全年最低(2008-9-19 样品,图 3-7)。

10 月份,全流域雨季先后结束。降雨数据显示,各城市降雨量基本降至 4 月份水平甚至更低。上游物质的供应恢复到雨季前的水平,南通悬浮物中来自中下游物质显著增多甚至主导,所以 CIA 逐渐升高,并稳定在下游平均水平左右(CIA 大约为 74),一直持续到第二年 4 月份。另一方面,随着三峡大坝在 2008 年 9 月 28 日 175 m 蓄水开始(水利部长江水利委员会,2008),上游泥沙逐渐在水库淤积而难以到达下游。宜昌和大通水文站输沙量数据显示,10 月份大通输沙量约为 900 万 t,而宜昌水文站显示输沙量则不足 100 万 t(图 3-9),说明上游供应的入海

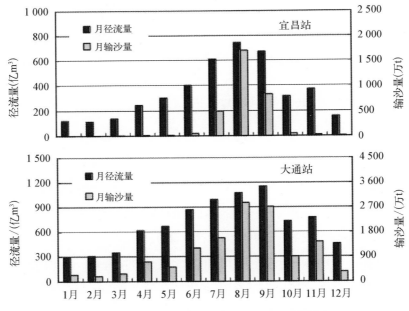

图 3-9 2008 年长江宜昌、大通水文站月输沙量变化
(水利部长江水利委员会,2008)

物质可能不足 10%。

　　总之,CIA 虽然是反映化学风化强弱的指标,但长江下游南通地区干流悬浮物 CIA 的季节性变化并不是反映季节性季风气候影响下的流域"瞬时风化",并未出现夏季高而冬季低的趋势,甚至表现出相反趋势,这说明长江干流悬浮物的 CIA 主要反映了流域降水时空上的不同,及三峡蓄水导致入海物质来源的改变。这一结论也再次证明沉积物中 CIA 反映的是累积的化学风化历史,因此,CIA 在使用过程中一定要注意时间尺度的问题。

3.6　长江悬浮物的 CIA 与世界其他河流的比较

　　McLennan(1993)与 Li 和 Yang(2010)先后报道过世界河流的 CIA 的分布规律,但以上两篇报道中,长江流域样品较少。本书在前人调查数据的基础上,丰富长江的 CIA 数据,深入分析长江作为亚洲最大的河流其 CIA 与世界其他河流的关系。

　　长江样品的 CIA 变化范围基本处于亚洲河流平均水平,为中度风化,略高于世界河流平均值(图 3-10)(Li 和 Yang,2010)。与世界大多数河流风化类型相似,在 A-CN-K 三角图解上,长江样品也表现出沿 A-CN 线上升的趋势,反映了长江流域的硅酸盐岩化学风化以含 Ca 和 Na 的矿物如斜长石和一些基性矿物溶蚀为主,而含 K 的矿物变化不大。整体上,非洲河流风化程度最高,例如 Congo 河和 Niger 河,而亚洲北部极地地区河流风化最弱(Li 和 Yang,2010)。

　　由于中国东部阶梯分布的地形特征,使得各地的区域气候特点复杂多样。自西向东,江源地区的气候基本特征可概括为严寒干燥,气压低,日照时间长,显示出类似极地的气候特征。而金沙江地区气候特征随海

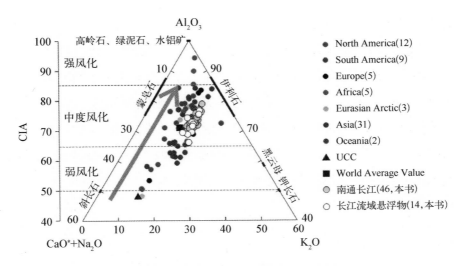

图 3 - 10　长江南通悬浮物 CIA 与世界河流悬浮物 CIA 的对比

世界其他河流数据来自(Li 和 Yang，2010)，括号内数字是样品数

拔高度差异呈"立体气候"分布，民间有"一山有四季，十里不同天"的说法，气候的干湿两季的变化比冷暖四季的变化更鲜明。四川盆地气候特征主要表现在气候要素的年际变化和日变化都比较小，冬无严寒，夏无酷暑，雨水丰沛、温和湿润。到中游的长江三峡地区，气候兼有上游地区和中下游地区气候的过渡带特征，气候要素的东西向地区差异比较明显(长江水利网，2010)。长江下游地区则是典型的亚热带季风气候，四季分明，气候温暖湿润。多种气候特征的共同存在，使得长江流域悬浮物包含了各种气候信息。再加上流域内原岩的复杂性，导致下游地区入海悬浮物成为各种环境下风化产物的"平均化代表"，因而其 CIA 值非常接近全球河流平均水平。

3.7　小　　结

　　本章主要总结了风化研究的意义，并简单回顾了长江流域的风化研究过程。在此基础上,深入讨论了长江流域干、支流悬浮物及河漫滩沉积物 CIA 的分布特征,并进一步探讨了长江下游南通季节性悬浮物 CIA 的变化规律。结果显示,在不同气候类型,尤其是降雨分布不均的影响下,长江上游地区风化较弱,CIA 较低;而下游地区风化较强,CIA 较高。南通连续一年的悬浮物 CIA 表现出明显的季节性特征,雨季时,尤其是 7 月—9 月三个月较低,而 10 月—次年 4 月较高。分析表明这种变化主要是季风主导下的雨带在长江流域的推移造成的,降雨区的改变,使得长江上游和中下游在入海物质中的贡献随时间改变。枯季时,中下游流域供应物质显著增多,南通悬浮物 CIA 较高;洪季时,上游物源供应明显增加,CIA 明显降低。而三峡大坝在枯季蓄水,加剧了入海物质沉积物来源的分化,使上游物质在枯季更加难以搬运到下游地区。

第4章

长江沉积物中 Fe 的不同化学相态的时空分布

　　作为限制海洋浮游植物生长的重要元素,表生环境中 Fe 的地球化学循环一直是海洋科学和第四纪研究的热点(Thamdrup 等,1994；Van Cappellen 和 Wang,1996；Poulton 和 Raiswell,2002；Jickells 等,2005；Poulton 和 Raiswell,2005；Raiswell,2006)。尽管 Fe 在地壳中丰度很高,但很多含 Fe 的矿物并不能直接被生物吸收利用。只有某些特殊的 Fe 氧化物(氢氧化物)可以被生物吸收利用,例如具有含铁细胞的生物有机体可以通过释放特殊的螯合物来溶解三价 Fe (Raiswell,2006)。另外,河流和冰川沉积物中很大比例部分的 Fe 氧化物(氢氧化物)都是以超细的颗粒存在(Poulton 和 Raiswell,2005),因而利于生物的吸收和利用。这种可以被生物有效利用的 Fe 称为生物有效性(bioavailable)Fe,但关于这部分 Fe 的存在形式、表生环境中行为和生物利用过程等争论一直没有停止(Barbeau 等,2001；Jickells 和 Spokes,2001；Visser 和 Gerringa,2003；Mahowald 等,2005；Weber 等,2005；Journet 等,2008)。究其原因,主要还是缺乏对海洋中 Fe 络合作用的了解(Parekh 等,2004；Bergquist 等,2007)。传统方法对于沉积 Fe 循环过程的研究,主要基于对沉积物中总 Fe 的含量变化来讨论。但 Fe 在边缘海的生物地球化学过程受其化学相态影响很大,因此在讨论 Fe 的循环过程中,区分不同的化学相态,具有重要的意义。

本书详细调查了长江主要支流和干流悬浮物中不同化学相态 Fe 的空间和时间分布特征。在此基础上,探讨利用 Fe 的化学相态组成来示踪流域化学风化与颗粒物来源的意义。

4.1　悬浮颗粒物中 Fe 的不同相态分布的空间变化

Fe 的化学相态分类有很多种,但都是基于不同的操作定义。一般认为,高活性的 Fe_{HR} 主要反映了沉积物中无定形的或者晶体的含 Fe 氧化物(或氢氧化物),例如水铁矿、纤铁矿、针铁矿、赤铁矿、四方纤铁矿(磁铁矿除外)等(Canfield,1988；Raiswell 等,1994);弱活性的 Fe_{PR} 主要代表了磁铁矿和部分层状硅酸盐矿物所含的 Fe,例如绿泥石、绿脱石、海绿石、黑云母等,另外还有菱铁矿和铁白云石(Berner,1970；Raiswell 等,1994);而不活跃的 Fe_U 主要反映的是与硅酸盐矿物结合的 Fe,例如橄榄石、辉石、角闪石、石榴石、钛铁矿等。

长江干流颗粒悬浮物中 Fe 的化学相态组成见表 4-1,结果显示见图 4-1。样品中 Fe_T 在干流和支流之间波动变化,没有明显规律。金沙江攀枝花段的样品中 Fe_T 最高(5.32%);而岷江样品 Fe_T 最低(3.64%),金沙江石鼓段样品的 Fe_T 也很低,只有3.98%,略高于岷江样品。整个长江样品 Fe_T 平均值为 4.65%,变异系数(CV)为 11%,比其他几种 Fe 化学相态的组成变化都小。

表 4-1 长江水系悬浮颗粒物中 Fe 的化学相态组成

样品	采样位置	Fe$_{HR}$	Fe$_{PR}$	Fe$_U$	Fe$_T$	Fe$_{HR}$/Fe$_T$	Fe$_{PR}$/Fe$_T$	Fe$_U$/Fe$_T$	Mz Φ	CIA
04CJ1-1	金沙江·石鼓	0.91%	1.01%	2.07%	3.98%	0.23	0.25	0.52	3.5	69
04CJ3-1	金沙江·攀枝花	1.24%	1.48%	2.60%	5.32%	0.23	0.28	0.49	5.0	72
04CJ6-1	金沙江·宜宾	1.08%	1.89%	1.74%	4.71%	0.23	0.40	0.37	4.2	73
04CJ4	大渡河·乐山	0.99%	1.06%	2.30%	4.35%	0.23	0.24	0.53	3.9	69
04CJ7	岷江·宜宾	0.86%	1.21%	1.56%	3.64%	0.24	0.33	0.43	4.6	66
04CJ9-1	长江·泸州	1.21%	1.95%	1.82%	4.98%	0.24	0.39	0.37	6.3	73
09CJ-CQ-2	长江·重庆	1.25%	1.76%	1.55%	4.57%	0.27	0.39	0.34	7.7	69
04CJ11-1	长江·重庆	1.11%	1.78%	1.69%	4.58%	0.24	0.39	0.37	5.7	69
09JLJ-1	嘉陵江·重庆	1.72%	1.56%	2.05%	5.33%	0.32	0.29	0.39	7.7	77
09CJ-CQ-1	长江·重庆	1.29%	1.62%	1.59%	4.51%	0.29	0.36	0.35	7.6	68
09CJ-TGR1	长江·三峡水库	1.53%	1.63%	2.05%	5.21%	0.29	0.31	0.39	8.0	80
09CJ-YC-1	长江·宜昌	1.80%	1.63%	1.86%	5.29%	0.34	0.31	0.35	7.8	73
04CJ14	汉江·仙桃	1.24%	1.43%	1.40%	4.07%	0.30	0.35	0.34	—[2]	71
DT-Mean	长江·大通	1.61%	1.42%	1.69%	4.72%	0.34	0.30	0.36	6.9	—
NT-mean	长江·南通	1.32%	1.43%	1.71%	4.46%	0.30	0.32	0.38	7.3	73
长江上游 (11)[1]	平均值	1.20	1.54	1.91	4.65	0.26	0.33	0.41	5.8	71
	标准偏差	0.26	0.32	0.34	0.54	0.03	0.06	0.07	1.7	4
	变异系数	21%	21%	18%	12%	13%	18%	17%	29%	6%
长江中下游 (4)	平均值	1.49	1.48	1.66	4.63	0.32	0.32	0.36	7.4	72
	标准偏差	0.26	0.10	0.19	0.51	0.02	0.02	0.02	0.5	1
	变异系数	17%	7%	12%	11%	7%	7%	5%	6%	2%
长江 (15)	平均值	1.28	1.52	1.85	4.65	0.27	0.33	0.40	6.2	72
	标准偏差	0.28	0.28	0.32	0.51	0.04	0.05	0.06	1.6	4
	变异系数	22%	18%	17%	11%	15%	15%	16%	27%	5%
	长江·石首[3](1)	1.86	1.72	1.34	4.92	0.38	0.35	0.27	—	—

注：[1] 样品数；[2] —表示无数据；[3] 数据来自 Poulton 和 Raiswell，2002

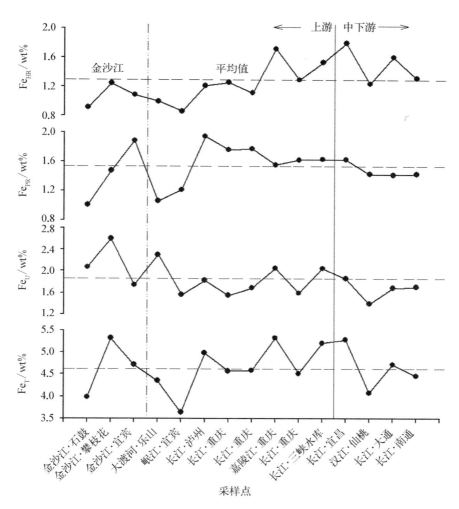

图 4-1　长江流域悬浮颗粒物不同相态 Fe 的分布

Fe_{HR} 自长江上游至下游有增加的趋势，宜昌段干流样品 Fe_{HR} 最高（1.80%），其次是嘉陵江样品（1.72%）；岷江样品 Fe_{HR} 最低（0.86%），其次是石鼓样品（0.91%）。整个长江样品的 Fe_{HR} 平均值为 1.28%，变异系数为 22%，是所有参数中变化波动最大的。重庆采样点上游的样品，Fe_{HR} 普遍较低，都位于平均值之下，而重庆采样点中下游的样品则表现出较高的 Fe_{HR}，普遍高于平均值。

Fe_{PR} 的最大值出现在泸州样品中（1.95%），略高于金沙江宜宾段的样品（1.89%），而最低值出现在石鼓段金沙江样品中，只有 1.01%。金沙江段的三个样品 Fe_{PR} 变化十分明显，石鼓段金沙江样品的 Fe_{PR} 最小，至宜宾段金沙江样品已经增大到 1.89%。而大渡河和岷江样品中的 Fe_{PR} 明显低于附近干流样品。泸州段长江样品也表现出极高的 Fe_{PR}，泸州以下长江干流样品 Fe_{PR} 呈递减的趋势。上游样品 Fe_{PR} 变异系数高达 21%，而中下游样品变异系数只有 7%，说明上游沉积物中 Fe_{PR} 组成波动变化显著大于中下游地区。

Fe_U 的变化与 Fe_{HR} 刚好相反，自上游到下游逐渐减少。其中，金沙江攀枝花段样品中 Fe_U 最高（2.6%），其次是大渡河样品（2.3%），而最小值出现在汉江仙桃处的样品中（1.4%）。所有样品 Fe_U 平均值为 1.85%，变异系数为 17%，波动变化相对弱于 Fe_{HR} 和 Fe_{PR}。

对比本书结果与 Poulton 和 Raiswell（2002）报道的一个长江数据，本书 15 个长江不同流域样品的平均 Fe_U 高于其分析结果，而其他化学相态 Fe 及 Fe_T 的分析结果较低。该样品来自湖北石首，与本书宜昌样品采样点最近。相比本书宜昌样品，Fe_{HR} 和 Fe_{PR} 的差别不大，而本书的 Fe_U 和 Fe_T 高于 Poulton 和 Raiswell（2002）报道的数据。

考虑到长江流域内岩性复杂（王中波等，2006；王中波等，2007；Yang 等，2009；茅昌平，2009），不同类型的岩石中 Fe 的赋存规律各不相同。将各不同化学相态的 Fe 含量经 Fe_T 校正之后发现，各化学相态 Fe 占 Fe_T 的比例显示出更好的规律性（图 4-2）。经 Fe_T 校正后的数据与之前各相态 Fe 的绝对含量变化趋势（图 4-1）类似，但波动更小，空间变化趋势更明显。

Fe_{HR}/Fe_T 的最大值出现在长江宜昌和大通处样品（0.34），而三个金沙江样品及大渡河样品的 Fe_{HR}/Fe_T 相同，同为 0.23，是所有样品的最小值。相对于 Fe_{HR} 的绝对含量波动变化较大（变异系数 22%），Fe_{HR}/Fe_T 的变异系数只有 15%。自石鼓金沙江样品至长江重庆样品，

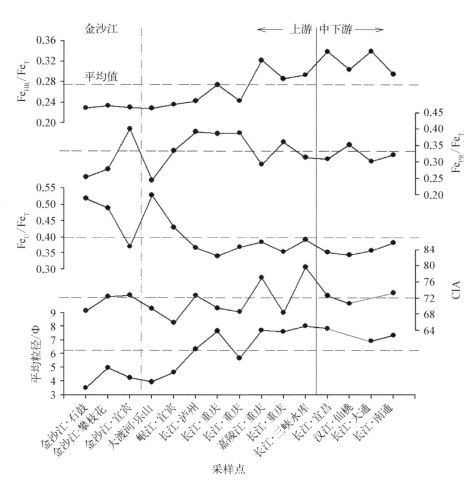

图 4 - 2　长江流域悬浮颗粒物不同相态 Fe 与总 Fe 比值的分布

Fe_{HR}/Fe_T 几乎没有变化。金沙江汇入之后的样品 Fe_{HR}/Fe_T 逐渐升高。与 Fe_{HR} 绝对含量变化类似,重庆采样点之下的样品 Fe_{HR}/Fe_T 普遍高于所有样品的平均值,而重庆上游的样品 Fe_{HR}/Fe_T 普遍低于平均值。

宜宾处金沙江样品 Fe_{PR}/Fe_T 最高(0.40),其次为泸州和重庆处长江样品(0.39);大渡河样品 Fe_{PR}/Fe_T 最低,仅 0.24,其次为石鼓地区长江样品(0.25)。Fe_{PR}/Fe_T 在长江上游变化较大,变异系数为 18%,而中下游 Fe_{PR}/Fe_T 的变异系数仅 7%。

Fe_U/Fe_T 显示出与 Fe_{HR}/Fe_T 相反的变化趋势。在上游,尤其是金沙江段 Fe_U/Fe_T 较高,而中下游 Fe_U/Fe_T 较低,其中最大值出现在大渡河样品(0.53),其次为石鼓金沙江样品(0.52),最小值出现在仙桃汉江和重庆长江样品中,只有 0.34。同 Fe_{HR}/Fe_T 和 Fe_{PR}/Fe_T 的变化类似,Fe_U/Fe_T 也显示出上游波动较大(变异系数 17%),而下游变化相对较小(变异系数仅有 5%)。

对比本书结果与 Poulton 和 Raiswell(2002)报道的数据,本书 15 个样品的平均 Fe_{HR}/Fe_T 和 Fe_{PR}/Fe_T 与其报道数据较接近,但 Fe_U/Fe_T 高于其报道的结果。

为了更好地了解长江颗粒物质化学相态 Fe 的分布特点产生的原因,各样品的平均粒径和 CIA 也列在表 4-1 和图 4-2 中作对比。在所有样品中,三峡库区坝前样品和嘉陵江样品的 CIA 最高,分别为 80 和 77,岷江样品的 CIA 值最低,只有 66。所有样品的 CIA 平均值为 72,变异系数为 5%,波动不大(图 4-2)。

粒度分析数据显示在整个长江河段上平均粒径的变化趋势与 Fe_{HR}/Fe_T 相似,都表现出上游尤其是金沙江河段粒度较粗而中下游粒度较细。其中三峡库区坝前样品最细,平均粒径只有 8.0Φ;长江石鼓处样品最粗,平均粒径为 3.5Φ。重庆采样点上游样品普遍较粗,基本位于平均值以下,而重庆采样点下游的样品较细,基本位于平均值以上(图 4-2)。

4.2 南通长江干流悬浮颗粒物中不同化学相态 Fe 的季节性分布

长江沉积物中 Fe 的不同化学相态组成具有一定的空间分布特征:长江上游尤其是重庆段以上的样品,表现出低 Fe_{HR}、高 Fe_U 的特点;中下游的样品刚好相反,显示出高 Fe_{HR}、低 Fe_U 的特点。为了探讨长江干流入海颗粒物 Fe 组成的季节性特征,本书选择下游近河口的南通段长江干流悬浮物为研究对象。

南通段长江悬浮物中不同化学相态 Fe 的季节性变化见表 4-2。纵观一年采样周期内(2008 年 4 月—2009 年 4 月,图 4-3),Fe_T 的最大值出现在 8 月中旬(5.16%),最小值出现在 11 月下旬(4.03%),而全年平均值为 4.46%。在汛期(5 月—10 月)表现为逐渐上升的趋势,其中 7,8 两个月 Fe_T 含量明显高于全年其他时段。Fe_{HR} 的最大值出现在 2009 年 4 月初(1.66%),最低值出现在 2008 年 5 月下旬(1.12%),全年平均值为 1.32%。汛期 Fe_{HR} 从 5 月—10 月略呈上升趋势。汛期结束,Fe_{HR} 仍然增加,一直到 12 月末—次年 4 月初,Fe_{HR} 的含量明显高于其他样品。

表 4-2　南通段长江干流悬浮颗粒物中不同化学相态 Fe 的组成

采样日期	Fe_{HR}	Fe_{PR}	Fe_U	Fe_T	Fe_{HR}/Fe_T	Fe_{PR}/Fe_T	Fe_U/Fe_T	CIA	Mz (Φ)
2008-4-10	1.23%	1.35%	1.65%	4.23%	0.29	0.32	0.39	76	7.2
2008-4-24	1.31%	1.41%	1.65%	4.37%	0.30	0.32	0.38	76	7.4
2008-5-9	1.22%	1.35%	1.98%	4.55%	0.27	0.30	0.43	75	7.4
2008-5-21	1.12%	1.29%	1.63%	4.04%	0.28	0.32	0.40	72	7.8
2008-6-6	1.13%	1.41%	1.64%	4.18%	0.27	0.34	0.39	70	7.1
2008-6-20	1.18%	1.34%	1.62%	4.15%	0.28	0.32	0.39	72	7.0
2008-7-4	1.39%	1.49%	1.93%	4.81%	0.29	0.31	0.40	77	7.5
2008-7-18	1.21%	1.33%	1.72%	4.26%	0.28	0.31	0.40	73	7.0
2008-8-2	1.17%	1.45%	1.71%	4.34%	0.27	0.33	0.40	73	7.1
2008-8-14	1.31%	1.54%	2.31%	5.16%	0.25	0.30	0.45	74	7.7
2008-8-29	1.36%	1.52%	2.08%	4.96%	0.27	0.31	0.42	72	7.4
2008-9-11	1.29%	1.50%	1.98%	4.77%	0.27	0.32	0.41	73	7.6
2008-9-26	1.31%	1.57%	1.79%	4.66%	0.28	0.34	0.38	70	7.5

续　表

采样日期	Fe_{HR}	Fe_{PR}	Fe_U	Fe_T	Fe_{HR}/Fe_T	Fe_{PR}/Fe_T	Fe_U/Fe_T	CIA	Mz(Φ)
2008 - 10 - 11	1.32%	1.49%	1.55%	4.36%	0.30	0.34	0.36	74	7.5
2008 - 10 - 25	1.36%	1.47%	1.75%	4.58%	0.30	0.32	0.38	73	7.6
2008 - 11 - 1	1.28%	1.41%	1.71%	4.41%	0.29	0.32	0.39	73	7.4
2008 - 11 - 15	1.32%	1.45%	1.63%	4.39%	0.30	0.33	0.37	72	7.3
2008 - 11 - 29	1.26%	1.40%	1.37%	4.03%	0.31	0.35	0.34	74	6.9
2008 - 12 - 14	1.26%	1.39%	1.41%	4.05%	0.31	0.34	0.35	73	7.2
2008 - 12 - 27	1.46%	1.54%	1.76%	4.76%	0.31	0.32	0.37	75	7.2
2009 - 1 - 15	1.53%	1.48%	1.64%	4.65%	0.33	0.32	0.35	73	7.4
2009 - 2 - 10	1.39%	1.41%	1.60%	4.40%	0.32	0.32	0.36	72	6.9
2009 - 3 - 8	1.52%	1.43%	1.63%	4.57%	0.33	0.31	0.36	75	7.5
2009 - 3 - 15	1.35%	1.36%	1.41%	4.12%	0.33	0.33	0.34	71	7.1
2009 - 4 - 3	1.66%	1.42%	1.54%	4.62%	0.36	0.31	0.33	76	7.7
汛期平均	1.26%	1.44%	1.82%	4.52%	0.28	0.32	0.40	73	7.4
标准偏差	0.09%	0.09%	0.22%	0.34%	0.01	0.01	0.02	1.87	0.3
变异系数	7%	6%	12%	8%	5%	5%	6%	3%	4%
枯季平均	1.38%	1.42%	1.58%	4.38%	0.31	0.32	0.36	74	7.3
标准偏差	0.14%	0.05%	0.13%	0.24%	0.02	0.01	0.02	1.71	0.2
变异系数	10%	4%	8%	5%	6%	4%	5%	2%	3%
全年平均	1.32%	1.43%	1.71%	4.46%	0.30	0.32	0.38	73	7.3
标准偏差	0.13%	0.07%	0.21%	0.30%	0.02	0.01	0.03	1.83	0.3
变异系数	10%	5%	13%	7%	8%	4%	8%	2%	3%
Mao 等,2010									
全年平均	2.30%	0.92%	1.92%	5.15%	0.45	0.18	0.37	—	—
标准偏差	0.21%	0.20%	0.09%	0.16%	0.03	0.04	0.02	—	—
变异系数	9%	22%	5%	3%	8%	21%	6%	—	—

注：Mao 等(2010)中南京长江干流季节性悬浮颗粒样品共 13 个

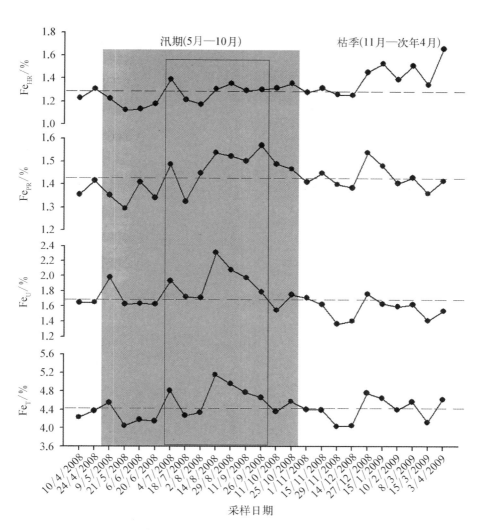

图 4-3　南通长江悬浮颗粒物中不同化学相态 Fe 的分布

Fe_{PR} 的最大值出现在 9 月末（1.57%），最小值出现在 7 月中旬（1.33%），全年平均值为 1.43%。相比 Fe_{HR} 和 Fe_U，Fe_{PR} 的变化最小，变异系数只有 5%。洪季 Fe_{PR} 变化很大，呈现波动上升的趋势。Fe_U 的波动曲线与 Fe_T 的变化极为相似，其最大值（3.31%）出现在 8 月中旬，与 Fe_T 的最大值来自同一个样品，最小值出现在 11 月末（1.37%）。全年平均值为 1.71%，而变化范围在三个化学相态中最大，变异系数为 13%。汛期样品 Fe_U 的含量普遍高于平均值，尤其是 7 月—8 月的样品。

本书所调查的南通全年数据 Fe_{HR} 明显低于 Mao 等（2010）报道的 Fe_{HR} 数据，而 Fe_{PR} 明显偏高，Fe_U 结果相差不大，Fe_T 低于其分析结果。另外，Mao 等（2010）的 Fe_{PR} 波动范围（CV＝22%）明显高于本书调查结果（CV＝5%）。为了更好地消除样品中含 Fe 矿物多少对各化学相态 Fe 绝对含量的影响，我们同样用 Fe_T 来校正 Fe 的各相态组成（图 4-4）。经过 Fe_T 校正后的各含 Fe 组分变化更加清晰，尤其是 Fe_{HR} 和 Fe_U。Fe_{HR}/Fe_T 比值的变化范围比 Fe_{HR} 绝对含量的变化范围小，最小值（0.25）出现在 8 月中旬的样品（2008-8-14）中，而最大值（0.36）出现在 4 月初的样品中（2009-4-3）。汛期和枯季样品 Fe_{HR}/Fe_T 表现出明显不同的特征，汛期 Fe_{HR}/Fe_T 普遍低于所有样品平均值，而枯水期则普遍高于所有样品平均值。自 8 月中旬样品之后，Fe_{HR}/Fe_T 逐渐升高，并在次年 4 月初达到最大值。Fe_{PR}/Fe_T 的最大值（0.35）出现在 11 月底，最小值（0.30）出现在 5 月上旬和 8 月中旬。但整体来看，Fe_{HR}/Fe_T 在全年的波动不大，没有明显规律，变异系数只有 4%，在所有 3 个化学相态中最小。Fe_U/Fe_T 的最大值（0.45）出现在 8 月中旬样品中（2008-4-18），对应 Fe_{HR}/Fe_T 全年的最小值；而最小值（0.33）出现在次年 4 月初的样品中（2009-4-3），刚好对应 Fe_{HR}/Fe_T 的最大值。汛期样品 Fe_U/Fe_T 普遍高于平均值而枯水期样品普遍低于平均值。

总体来说，Fe_{HR}/Fe_T 与 Fe_U/Fe_T 呈现出此消彼长的变化特征。Mao 等（2010）的 Fe_{HR}/Fe_T 明显高于本书结果，而 Fe_{PR}/Fe_T 低于本书，Fe_U/Fe_T 与本书结果类似。

为了更好地了解不同化学相态 Fe 变化特征的控制因素，南通地区长江季节性样品的 CIA 值和平均粒径以及采样点流量数据也列在表 4-2 和图 4-4 中。

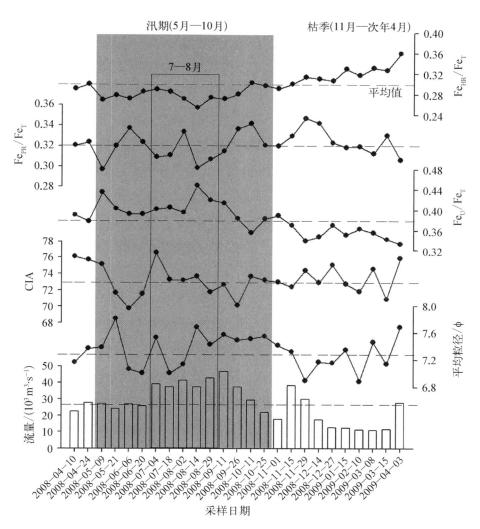

图 4 - 4　南通长江悬浮颗粒物中不同化学相态 Fe 与 Fe$_T$ 比值的分布

CIA 的最大值出现在 7 月初的样品中(77),最小值出现在 6 月初(70)。全年 CIA 值变化波动不大,变异系数只有 2%,集中在平均值 73 附近。平均粒径的最大值出现在 5 月下旬(7.8),最小值出现在次年 2 月中旬(6.9)。全年平均粒径的变化也较小,变异系数只有 3%,并无明显季节性规律。流量数据显示,汛期水量相对较高,尤其是 7,8 月份,明显高于全年平均水平。12 月—次年 3 月水量较小,明显低于全年平均水平。

4.3　不同化学相态 Fe 的组成与各参数的相关性

河流沉积物中 Fe 的不同化学相态组成受很多因素影响,包括沉积物的母岩属性、颗粒大小、所经历的风化强弱、人类活动等(Poulton 和 Raiswell,2002;Poulton 和 Raiswell,2005;Mao 等,2010)。为了深入了解各种因素对 Fe 的化学相态的影响程度,我们将 Fe 的各化学相态分析结果与样品中 Fe_T 含量、平均粒径及 CIA 分别做了相关性统计,结果见表 4-3。

表 4-3　长江水系沉积物样品各 Fe 化学相态、Mz 与 CIA 之间的相关关系

		Fe_{HR}	Fe_{PR}	Fe_U	Fe_T	Fe_{HR}/Fe_T	Fe_{PR}/Fe_T	Fe_U/Fe_T
不同流域样品	Fe_T	0.56	0.3	0.23				
季节性样品	Fe_T	0.25	0.61	0.68				
所有样品	Fe_T	0.39	0.35	0.41				
不同流域样品	Mz	0.67	0.24	0.11	0.29	0.68	0.06	0.56
季节性样品	Mz	0.07	0.11	0.21	0.27	0.01	0.19	0.08
所有样品	Mz	0.44	0.07	0.09	0.07	0.46	0.02	0.37
不同流域样品	CIA	0.50	0.12	0.15	0.62	0.20	0.02	0.03
季节性样品	CIA	0.14	0	0.01	0.05	0.06	0.14	0
所有样品	CIA	0	0.03	0.02	0.22	0.21	0.04	0.03

注:空间样品见表 4-1,共 15 个样品;季节性样品列表见表 4-2,南通季节性样品,共 25 个;所有样品是空间样品和季节性样品的总和

4.3.1　各化学相态的 Fe 与 Fe_T 的关系

长江颗粒物各化学相态 Fe 的含量与 Fe_T 关系分析结果如表 4-3 和图 4-5。

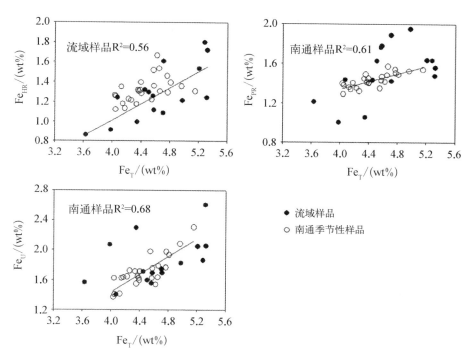

图 4-5　长江悬浮沉积物样品中不同化学相态 Fe 与 Fe_T 的关系

长江水系所有样品 Fe_{HR}、Fe_{PR} 和 Fe_U 与 Fe_T 的相关性依次为 0.39、0.35 和 0.41，基本相似。其中，长江干、支流样品的 Fe_{HR} 与 Fe_T 更相关，相关系数达到 0.56，而南通干流季节性样品的 Fe_{PR} 和 Fe_U 与 Fe_T 相关性较显著，相关系数分别为 0.61 和 0.68。

4.3.2　分步提取产物中元素间的相关关系

分步提取过程中，各个步骤中不同的萃取剂可以溶解或解析的矿物各不相同。随着矿物的解析,各种元素总是按照相应的矿物组成释放到溶液中。因此,通过分析每一步萃取产物中各元素的组成含量关系,有助于我们了解每一步萃取过程所释放的矿物类型。三步萃取过程中对应的元素相关性统计结果见表 4-4。

表 4-4　分步萃取产物不同元素与 Fe 的相关性、含量和比例

	Fe	Al	Mn	Ti	P	Ca	K	Mg
第一步萃取产物								
与 Fe 相关性		0.53	0.67	0.76	0.40	0.25	0.28	0.06
平均浓度	1.28	0.21	558[2]	162	248	2.38	0.05	0.16
占总量比例	27%	1%	58%	2%	26%	60%	2%	7%
第二步萃取产物								
与 Fe 相关性		0.04	0.73	0.74	0.12	0.00	0.02	0.10
平均浓度	1.52	0.94	246	526	481	0.95	0.08	1.01
占总量比例	33%	6%	25%	6%	51%	24%	3%	42%
第三步萃取产物								
与 Fe 相关性		0.07	0.51	0.21	0.13	0.03	0.04	0.77
平均浓度	1.85	13.79	161	8 199	212	0.63	2.58	1.21
占总量比例	40%	92%	17%	92%	23%	16%	95%	51%
三步萃取总量								
与 Fe 相关性		0.36	0.46	0.47	0.28	0.07	0.30	0.01
平均浓度	4.65	14.94	965	8 886	941	3.96	2.72	2.38

注:统计数据来自长江流域干、支流 17 个样品;Mn、Ti 和 P 的平均浓度单位为 ppm,其他元素单位为 wt%。

不同元素在每一步的提取产物中分布情况各不相同(表 4-4),其中元素 Mn 和 Ca 主要存在于第一步(连二亚硫酸钠缓冲溶液)萃取产物中,分别占三步总萃取量的 58% 和 60%;P 主要存在于第二步(12 N 浓 HCl 煮沸)萃取产物中,所占比例为 51%;Al、Ti、K、Mg 则主要存在于

第三步（HF－HNO₃ 混合溶液）萃取产物中，所占比例分别为 92%、92%、95%、51%，Fe 元素在各个相态均有分布，含量相当，分别为 27%、33% 和 40%。

　　在每一步萃取过程中所得产物各元素与 Fe 元素的相关性也有差别。在第一步萃取产物中，Fe 与 Al、Mn、Ti、P、K 有较高的相关性，同 Ca 则是负相关；在第二步萃取产物中，Fe 与 Mn、Ti 有较高的相关性，而与 Al 相关性较差；在第三步萃取产物中，Fe 同 Mn、Mg 元素有很好的相关性，与 Ti 也有部分相关性。三步萃取产物相加的总含量中，Fe 则表现出同 Al、Mn、Ti、P、K 元素较强的相关性。

4.3.3　各化学相态 Fe 与平均粒径 Mz 的关系

　　长江悬浮物样品中不同化学相态 Fe 与平均粒径的关系见图 4-6。

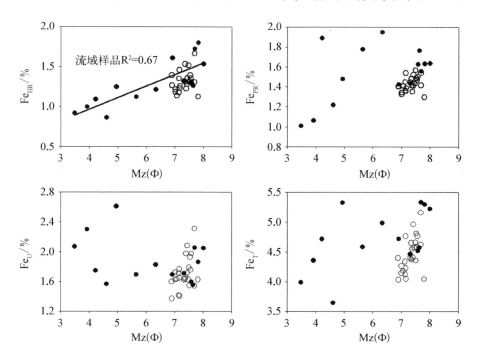

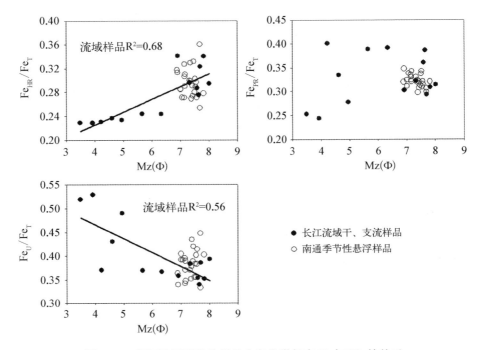

图 4 - 6　长江悬浮颗粒物样品中各化学相态 Fe 与 Mz 的关系

总体上，Fe_{HR}、Fe_{HR}/Fe_T 和 Fe_U/Fe_T 与 Mz 的相关性较高，相关系数依次为 0.44、0.46 和 0.37。长江流域干、支流样品中 Fe_{HR}、Fe_{HR}/Fe_T 和 Fe_U/Fe_T 与 Mz 更相关，相关系数依次为 0.67、0.68 和 0.56；而南通干流季节性样品无论是 Fe 的各化学相态的绝对含量还是与 Fe_T 的比值，都表现出与 Mz 较差的相关性（表 4 - 3）。

4.3.4　各化学相态 Fe 与 CIA 的关系

长江所有悬浮颗粒物样品中不同化学相态 Fe 与 CIA 的关系见图 4 - 7。各化学相态 Fe 绝对含量及与 Fe_T 比值与 CIA 都没有明显相关性。流域干、支流样品的 Fe_{HR} 和 Fe_T 与 CIA 的相关性较为好，相关系数分别为 0.50 和 0.62。而南通干流季节性样品与 CIA 无明显的相关性（表 4 - 3）。

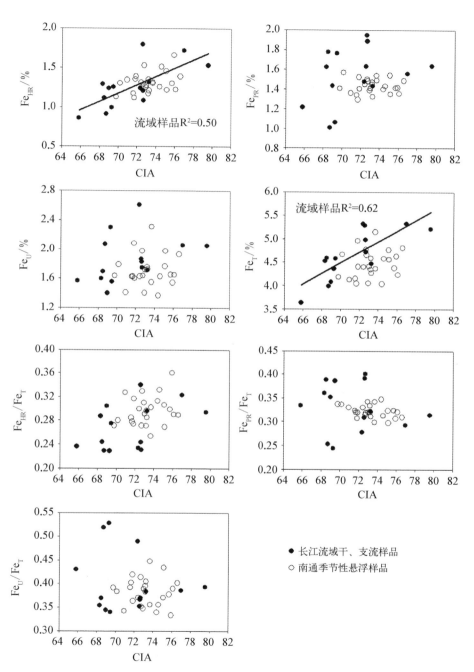

图 4 - 7　长江悬浮颗粒物样品中各化学相态 Fe 与 CIA 的关系

4.4 长江悬浮物中不同化学相态 Fe 的时空分布特征的影响因素

沉积物中不同化学相态 Fe 的组成总体上受沉积物来源(含 Fe 矿物组成与多少)、沉积物性质(粒度、比表面积)、风化程度与人类活动(污染)等众多因素控制。本书借鉴前人的研究思路,深入讨论以上因素对长江颗粒物质不同化学相态 Fe 的分布的影响。

4.4.1 沉积物物源对 Fe 的化学相态组成空间变化的约束

长江水系不同沉积物中 Fe 的化学相态组成的差异,主要反映的还是样品中含铁矿物组成上的不同,包括种类差异和矿物含量多少。沉积物中的 Fe 与矿物的结合形式主要有以下三种。

① 作为矿物的基本组成元素,Fe 以离子化合物形式赋存于矿物晶格中,构成矿物的必不可少的成分。如铁的氧化物矿物(赤铁矿、磁铁矿、钛铁矿)、氢氧化物矿物(水铁矿、纤铁矿)、硫化物矿物(黄铁矿)、碳酸盐矿物(菱铁矿)等;

② 作为矿物的杂质元素,以类质同象置换的形式,分散于造岩矿物中,这类矿物可称为含有 Fe 元素的矿物,例如 Fe^{2+} 常常以类质同象的方式取代闪锌矿(ZnS)中的 Zn^{2+};

③ 呈离子状态被吸附于某些矿物的表面或颗粒间,这类矿物主要是各种黏土矿物、云母类矿物。

早期关于长江沉积物重矿物组成的研究主要集中在河口地区(秦蕴珊,1987;孙白云,1990;吕全荣,1992),最近部分学者系统调查了长江流域尤其是上游地区的沉积物重矿物组成,发现长江上游和中下游重矿物组成有较大差别（表 4-5）。基本认识是：① 上游重矿物含量较高，而中下游重矿物含量较低（王中波等，2006；Yang 等，2009）；② 上游长江沉积物的主要重矿物组合是磁铁矿—锆石—普通角闪石—普通辉石—石榴子石—绿帘石—褐铁矿—钛铁矿（王中波等，2006；康春国等，2009），而中下游重矿物特征组合为角闪石—绿帘石—金属矿物，少量辉石、石榴石、锆石、榍石、磷灰石、电气石、金红石等（王中波等，2006）。

由各化学相态 Fe 与 Fe_T 的相关分析得知，长江流域干、支流样品中 Fe_{HR} 与 Fe_T 显示出较高的相关性，而南通干流季节性样品 Fe_{PR} 和 Fe_U 与 Fe_T 有较好的相关性（表 4-3，图 4-5）。Poulton 和 Raiswell（2002）在研究全球主要河流沉积物 Fe 化学相态组成时发现，Fe_{HR} 与 Fe_T 良好的线性相关（$R^2 = 0.64$）普遍存在。在较强的化学风化条件下岩石或土壤中易溶性的组分（Na、K、Ca、Mg）在风化中流失，将母岩中的难溶元素（例如 Al、Mn、Fe 等）释放出来，在外界环境下形成了次生的含 Fe 氧化物或氢氧化物（Canfield，1997）。同时，该研究还发现相比河流沉积物，冰川沉积物 Fe_{HR} 与 Fe_T 的相关性较差，反而显示出 Fe_{PR}、Fe_U 与 Fe_T 较高的相关性。其原因是相比河流沉积物，冰川沉积物主要形成于物理风化主导的冰川环境下，较弱的化学风化导致 Fe 主要以原始的状态存在于未发生风化的矿物中，例如磁铁矿、橄榄石、石榴子石等，主要属于 Fe_{PR} 和 Fe_U 的范畴，因而 Fe_{PR} 和 Fe_U 主导了 Fe_T 含量。在本书研究结果中，长江不同流域干流和支流样品中 Fe_{HR} 与 Fe_T 的良好线性关系，反映了样品的 Fe_T 主要是由 Fe_{HR} 的含量决定的。但南通地区长江干流季节性样品所显示的 Fe_{PR}、Fe_U 与 Fe_T 较好的相关性，推测主要反映的还是不同季节长江下游悬浮物来源的改变。Fe_U 主要是结合在硅酸盐矿物中 Fe，由于在表生环境下较为稳定，更加反映沉积物母岩的岩性特征，所以季节性的变化主要反映的还是沉积物来源特征。

表 4-5　长江水系沉积物中重矿物颗粒百分含量(王中波等,2006)

采样地点	磁性矿物	褐铁矿	钛铁矿	石榴子石	普角闪石	普通辉石	磷灰石	黑云母	绿泥石
金沙江·石鼓	20%	3%	32%	23.7%	3%	—	—	—	—
金沙江·丽江	5%	22%	1.5%	5%	36%	9%	—	0.4%	2%
雅砻江·攀枝花	17%	8%	—	7.9%	53%	8%	—	1.7%	—
金沙江·攀枝花	15%	30%	—	—	13%	—	2.7%	4.1%	9%
大渡河·乐山	3%	3%	—	3%	65%	1%	—	5.2%	—
岷江·乐山	2%	8%	1.9%	4.9%	67%	3%	—	0.4%	1%
长江头·宜宾	15%	25%	10.6%	—	14%	11%	—	2.6%	4%
岷江·宜宾	7%	13%	9.8%	4.2%	29%	6%	—	4.2%	5%
金沙江·宜宾	25%	33%	—	2.3%	25%	11%	—	3.8%	2%
涪江·合川	8%	9%	13.3%	10.1%	33%	—	1.7%	—	1%
长江·重庆	13%	18%	0.9%	—	45%	3%	—	1.5%	3%
嘉陵江·重庆	33%	27%	—	1%	16%	14%	—	0.1%	0%
长江·万州	40%	17%	2.1%	3%	43%	20%	1.4%	—	—
长江·三峡	10%	17%	11.5%	26.4%	16%	7%	0.6%	0.8%	—
汉江·仙桃	—	5%	—	14.5%	56%	—	2%	—	—
长江·铜陵	13%	3%	3.2%	3%	55%	2%	0.5%	0.2%	2%
湘江·长沙	17%	26%	8.1%	1.2%	10%	5%	—	—	—
沅江·常德	10%	42%	5.5%	—	21%	3%	1%	—	—

除了 Fe_{HR} 与 Fe_T 的关系,每一步萃取产物中 Fe 与其他元素的关系,也能反映 Fe 的来源和矿物组成。第一步萃取使用 pH 值为 4.8 的连二亚硫酸钠—柠檬酸钠缓冲溶液,主要针对表生环境中比较活跃、容易还原的含 Fe 矿物,包括水铁矿、纤铁矿、针铁矿、赤铁矿、四方纤铁矿等。在这一萃取产物中 Mn 和 Ca 溶出的比例最高,分别占总量的 58% 和 60%,Fe 溶解了 27%。推测提取出的 Mn 主要存在于软锰矿中,或

者一些铁锰氧化物等易于还原的矿物中;Ca 是矿物中常见的阳离子,广泛存在于各种石灰岩中,第一步萃取中使用的弱酸性(pH=4.8)的连二亚硫酸钠溶液溶解了大部分的碳酸盐,使 Ca 大量析出。相关性分析得知 Al、Mn 和 Ti 表现出与 Fe 较高的相关性,相关系数分别为 0.53、0.67 和 0.76,暗示了这些元素可能是一起从矿物中溶解释放。Fe、Mn、Ti 在自然界中有相似的地球化学行为,因此经常共生存在,在元素地球化学研究中统一归为 Fe 族元素。尤其是 Mn,其地球化学行为及在原生造岩矿物中的赋存状态与 Fe 非常相似,经常以铁锰矿物的形式共存。考虑到 Mn 在第一步萃取中溶解了 58%,而 Al 和 Ti 只溶解了 1% 和 2%,所以推测该步萃取主要溶解的是含 Fe 或者 Mn 的氧化物。

第二步采用 12 N 的沸腾浓 HCl 来萃取沉积物,主要针对磁铁矿和部分层状硅酸盐矿物,例如绿泥石、绿脱石、海绿石、黑云母等,另外还有菱铁矿和铁白云石。分析结果显示,在该步萃取溶解的 P 和 Mg 的含量分别占总量的 51% 和 42%,Fe 溶解了 33%。长江沉积物中的 P 主要赋存在磷灰石中,Mg 主要存在白云石、辉石、石榴子石等(王中波等,2006;康春国等,2009)。此步萃取操作得到的各元素中,Mn 和 Ti 与 Fe 的相关性最高,分别为 0.73 和 0.74,Mn 溶解的比例为 25%,而 Ti 的溶解比例只有 6%。因此推测此步操作溶解的 Fe 除了来自磁铁矿,还有可能来自铁白云石。同时溶解的还有部分磷灰石等。

第三步萃取试剂为 HF-HNO$_3$ 混合溶液,主要针对含 Fe 的硅酸盐矿物,也就是除去第一、第二步之外的所有含铁矿物,可能主要包括辉石、角闪石、石榴子石和绿帘石等。在此步萃取操作产物中,Al、Ti、K 的溶解量占总量的 90% 以上,Mg 也有 51% 溶解。长江沉积物中 Al 主要存在于硅酸盐矿物和黏土矿物中,K 主要存在于云母或钾长石中,Ti 主要存在于钛铁矿、榍石或者金红石等矿物中。相关性分析结果显示,Mg 和 Mn 与 Fe 的相关性较高,相关系数平方分别为 0.51 和 0.77。因此推测此步操作溶解的 Fe 主要来自铁镁矿物如辉石和角闪石，同时还有部分可能来自石榴子石或黑云母等，而 Ti 的大量溶出可能与榍石和钛铁矿有关，但考虑到 Ti 与 Fe 在该步的相关性一般，推测提取产物中 Ti 主要还是来自榍石。

Poulton 和 Raiswell(2005)提出，在河流悬浮物中 Mn 与 Fe 的趋势相似，随着风化的加强，Na、Ca、Mg、K 等易迁移元素流失，Mn 的含量上升，Mn 的活性部分和弱活性部分均与 Fe 元素有很好的相关性。本书中三步萃取操作产物中的 Fe 与 Mn 均表现出了较好的相关性，也支持前人对 Fe、Mn 元素化学形态的研究结果。Ti 被认为在表生地球化学环境中比较稳定(Taylor 和 McLennan，1985；Poulton 和 Raiswell，2000)，长江沉积物中的 Ti 一般富集在残渣态中(Yang 等，2004)。本书研究结果显示 Ti 与 Fe 的相关性除了在第三步萃取产物中，其余两步萃取产物中均保持较好的相关性。

长江从上游到中下游的河流沉积物中，不同相态 Fe 具有明显的空间变化，表现为上游地区 Fe_{HR}/Fe_T 较低，Fe_U/Fe_T 较高，而中下游的变化刚好相反。石鼓和攀枝花地区金沙江的样品，基本代表了长江源头地区(通天河、金沙江等)悬浮颗粒物的 Fe 组成特征。在这个区域内出露的岩层主要为中生代三叠纪碳酸盐岩为主，酸-中性火成岩分布也较多，尤其是新生代的岩浆活动非常强烈(长江流域岩石类型图，1998)。该区域内土壤发育较差，气候干冷，化学风化较弱。地貌方面，在通天河一段，长江流经青藏高原东部和横断山区，从石鼓以下至宜宾是金沙江的下段，在这一段金沙江流出第一阶梯，山地的海拔急剧降低，河流水动力和侵蚀能力较强，以物理风化为主(沈晓华和邹乐君，2001)。不同的风化类型会影响风化过程中元素的分配，化学风化占主导的地区，可溶性盐大量流失，在表生作用中容易迁移的元素(如 Ca、Mg、Na、K 等)转移到水体中而流失，而活性相对较弱的 Fe、

Mn、Ti、Al 等元素残留在沉积物中,发生富集;而物理风化为主导的地区,容易迁移的和活动性弱的元素的流失都相对较小,易在沉积物中富集(Canfield,1997)。上游金沙江区域气候寒冷干燥,以物理风化相对主导,因此河流样品中 Fe 的组成主要以比较稳定的未风化的硅酸盐结合态存在,例如石榴子石、角闪石、黑云母等。由表 4 – 5 可知,石鼓地区石榴子石含量高达 23.7%,所以表现为石鼓地区金沙江样品中 Fe_U/Fe_T 最高,而 Fe_{HR}/Fe_T 较低。

长江离开石鼓后,进入攀枝花地区,尤其是随着雅砻江的汇入,受该地区特殊的基性岩和超基性岩及大型钒钛磁铁矿床的影响(四川省地质矿产局攀西地质大队,1987),在宜宾样品中表现为 Fe_{PR} 组分的明显富集。雅砻江沉积物中磁性矿物占总矿物高达 70%,主要为磁铁矿(何梦颖,2011)。直接导致在其下游的宜宾悬浮物中反映磁铁矿的 Fe_{PR} 比例显著增加(约 20%),是所有样品中 Fe_{PR}/Fe_T 的最大值。值得注意的是,虽然攀枝花地区发育有大量钒钛磁铁矿床,导致 Fe_T 的绝对含量在整个流域内最高(图 4 – 1),但攀枝花样品中反映磁铁矿的 Fe_{PR} 在 Fe_T 中并不高,反而具有较高的 Fe_U/Fe_T,主要因为该样品采自雅砻江汇入点上游,直接受攀枝花地区钒钛磁铁矿床较弱,因而沉积物中含 Fe 矿物主要还是来自金沙江上游地区,即表现出与石鼓地区类似的 Fe 化学相态组成。

宜宾至宜昌是长江上游河段,为中国大陆地形的第二级阶梯。该段地形起伏相对金沙江流域较小,长江在该河段流速也逐渐减缓。相对干流样品,大渡河样品具有较高的 Fe_U/Fe_T,接近攀枝花地区样品。大渡河流经我国最大的峨眉山玄武岩地区,大渡河沉积物中钛铁矿相对富集,同时还伴有相当数量的角闪石(王中波等,2006;Yang 等,2009),因此导致了较高的 Fe_U/Fe_T 比例。从宜宾至宜昌的长江干流样品中,Fe_{HR}/Fe_T 逐渐开始上升,尤其是进入重庆之后一直到三峡坝前附近,我们推测这种变化与水动力环境的改变有关。三峡大坝建成后,自坝体向上游一直延伸到重庆,形成了狭长的河道型水库(Yang等,2006,2007a)。库区内水流速度受大坝影响明显降低,一些含 Fe 矿物主要是粒径大和比重大的重矿物会沉淀在水库中,Fe_U/Fe_T 逐渐降低;而较细的吸附在黏土中的 Fe 还可以继续搬运到中下游,使悬浮物中 Fe_{HR}/Fe_T 逐渐上升(图 4 - 2)。前人研究 Poulton 和 Raiswell(2002,2005)表明,Fe_{HR} 组分更容易富集在细粒颗粒物质中,所以自重庆样品开始,悬浮物中 Fe_{HR} 组分逐渐增加。与 Fe_{HR} 的变化不同,长江干流上 Fe_{PR}/Fe_T 和 Fe_U/Fe_T 的变化不大,基本与宜昌地区样品 Fe 的组成相似。进入三峡库区之后,Fe_{PR}/Fe_T 有所降低,这种变化一方面源自 Fe_{HR} 的相对增加,另一方面也与嘉陵江注入的低 Fe_{PR} 组分样品的稀释作用有关。而整个上游河段,长江干流样品的 Fe_U/Fe_T 变化不大。

长江出三峡后,进入了我国地势的第三阶梯,也就是广阔坦荡的江汉平原。江水在该河段内脱离了三峡的束缚,河道得以自由展布,地势平坦,水流速度从大变小,侵蚀能力由强趋弱,粗颗粒泥沙在此大量沉积,使得进入下游及河口地区的悬浮颗粒物总体越来越细小。再加上长江下游平原地区主要为第四系地层,气候较上游地区更加温暖湿润,化学风化较强;另一方面,长江下游以南地区土壤发育以红壤为主,富含大量赤铁矿(黄昌勇,2000),从而导致中下游地区悬浮颗粒物质中 Fe_{HR} 组分所占比例逐渐增加。

4.4.2 粒度对不同化学相态 Fe 的组成的约束

除了总 Fe 的含量,颗粒物的粒度对不同化学相态的 Fe 的分布也有重要的影响(Poulton 和 Raiswell,2002,2005)。相关分析揭示,长江流域不同地区样品中 Fe_{HR} 和 Fe_U 都与颗粒物平均粒径有一定的相关性

（图 4-6），即随平均粒径越细，Fe_{HR}/Fe_T 比值越高，而 Fe_U/Fe_T 比值越低。值得注意的是，颗粒物样品平均粒径在粗于 7Φ 时，Fe_{HR}/Fe_T 比与粒度相关性较高；而粒径介于 $7\sim8\Phi$，二者几乎没有显著相关性。通常认为，沉积物颗粒越细，颗粒比表面积越大，可吸附的元素量也越多（赵一阳等，1994）。Poulton 和 Raiswell（2005）研究发现河流沉积物样品中 Fe_{HR} 与 Al 的相关性极高，并推测这很有可能是因为大部分 Fe 的氧化物（Fe_{HR}）主要富集在较细的铝硅酸盐矿物，尤其是黏土矿物中。与流域干、支流样品不同，南通地区长江干流的季节性样品并没有表现出类似的相关特征（图 4-6）。南通样品沉积物颗粒大小主要集中在 $7\sim8\Phi$，粒度的季节性变化本身就没有明显规律，所以反映在对 Fe 的化学相态的控制上也没有明显相关性。

4.4.3　流域化学风化对不同化学相态 Fe 的组成的控制

长江流域的风化特征，前人已经通过对长江水化学、颗粒态元素组成、同位素及矿物学方法来研究（表 3-2），取得了广泛的共识，即长江上游地区化学风化较弱，而中下游地区化学风化较强。化学风化的强弱，对不同化学相态的 Fe，尤其是 Fe_{HR} 有着明显的控制作用。化学风化越强烈，母岩中容易迁移的元素（如 Ca、Mg、Na、K 等）流失越多，相应的活动性较弱的 Fe、Mn、Ti、Al 等元素在沉积物便越富集。本书采用目前较为常用的化学蚀变指数（CIA）作为评价化学风化强弱的指标，来讨论化学风化与不同化学相态 Fe 组成的关系。

长江流域空间样品和南通季节性样品与 CIA 的关系分析显示（图 4-7），流域样品中 Fe_{HR} 和 Fe_T 与 CIA 的相关性较好，这反映出流域空间样品对化学风化的响应更加敏感。而相比流域空间样品，南通干流季节性样品的 Fe_{HR} 并没有表现出与 CIA 的明显相关性，但不能简单说化学风化对季节性样品的影响不大。CIA 反映在较长时间尺度上沉积物经历的整个风化过程的最终表现,这个过程可能经过多个沉积旋回(Li 和 Yang,2010)。在较短时间尺度上,CIA 的变化很难真实反映化学风化的强弱。

由图 4-6 和图 4-7 可以看出,随着沉积物颗粒的变细和化学风化的加强,Fe_{HR} 都有增加的趋势。因此本书尝试用数学方法来消除平均粒径和风化两种因素之间的相互干扰,揭示粒度和化学风化对 Fe_{HR} 独立的作用。由于平均粒径(Mz)和 CIA 都与 Fe_{HR} 有较好的线性关系,我们认为 Fe_{HR}/CIA 比值可以基本消除风化对 Fe_{HR} 的影响,而 Fe_{HR}/Mz 消除平均粒径对 Fe_{HR} 的影响。利用校正后的 Fe_{HR} 与 CIA 和 Mz 重新作图发现,Mz 依然与 Fe_{HR}/CIA 有明显的相关性,而 CIA 与 Fe_{HR}/Mz 比值的相关性不显著(图 4-8)。沉积物中 Fe_{HR} 含量随粒度变细而增大,一方面由于细颗粒黏土的吸附性强有关;另一方面,化学风化自生的含 Fe 矿物,如针铁矿、水铁矿、纤铁矿等(Fe_{HR} 的主要赋存矿物)多为无定型状,本身也容易富集在细颗粒中(Poulton 和 Raiswell,2005)。用 CIA 校正 Fe_{HR} 含量后,与平均粒径高度相关,揭示出长江流域不同水系沉积物中 Fe_{HR} 含量受粒度影响要大于受化学风化的影响。但如上所述,CIA 作为沉积物累积风化历史的综合反映,虽然也受粒度约束,但它对沉积物粒度变化的敏感性没有 Fe_{HR} 高。

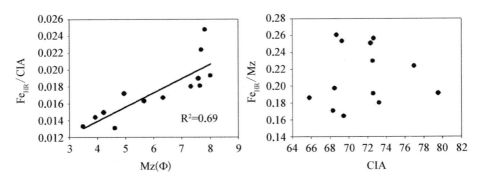

图 4-8　长江流域空间样品与平均粒径(Mz)与 CIA 的关系

河流沉积物的平均粒度不仅仅反映水动力强弱,其本身也是风化强弱的一种指示。在坡度较大、河流水动力较强的上游地区,携带悬浮颗粒泥沙总体偏粗;而在中下游地区或水库中,随河流坡降比下降,水动力变弱,粗颗粒泥沙沉降导致进入下游干流的悬浮颗粒物总体偏细(图4－2)。同样,随着风化的加剧,大部分铝硅酸盐矿物风化蚀变为黏土矿物,风化产物颗粒逐渐变细。应该说,CIA、Fe_{HR} 和颗粒大小都是风化作用在沉积物颗粒上的表现,只是对风化响应的时间尺度有所不同,各参数又彼此关联和相互影响。Mz 与 Fe_{HR}/CIA 之间相关性较高,而CIA 与 Fe_{HR}/Mz 比值的相关性不显著,反映的正是 CIA、Mz 与 Fe_{HR} 之间存在复杂的制约关系。总体来看,沉积物中 Fe_{HR} 的含量受含 Fe 矿物来源与组成、化学风化强弱和颗粒大小等多因素控制,而沉积颗粒大小对 Fe_{HR} 含量的影响较显著,值得今后研究深入关注。

4.4.4　流域季风降雨对不同相态 Fe 的组成的控制

通过以上分析(4.1 节)可知,长江流域不同化学相态 Fe,尤其是Fe_{HR}/Fe_T 和 Fe_U/Fe_T 显示出较为明显的区域特征,表现为上游地区低Fe_{HR}/Fe_T 而高 Fe_U/Fe_T;中下游刚好相反,表现为高 Fe_{HR}/Fe_T 而低Fe_U/Fe_T,这种 Fe 不同相态的空间分布特征为揭示下游南通段长江干流季节性样品中 Fe 化学相态组成变化提供重要的信息。长江流域位于东亚季风影响区域,最明显的季节性特征就是周期性的降水。在上一章中,本书已经揭示南通悬浮物 CIA 的变化主要受降雨区迁移导致的物源改变造成的。因此,本小节将借鉴上一章的研究思路,讨论南通悬浮颗粒物中不同化学相态 Fe 的季节性变化。

在东亚夏季风的影响下,长江流域的雨季每年从 4 月—5 月份开始,10 月份结束,相应的长江的汛期也是 5 月—10 月。在图 4－4 中所示,汛期的 Fe_{HR}/Fe_T 明显低于全年平均值,显示出较强的上游沉积物特征;而高于全年平均值,显示出中下游沉积物的特征。尤其是在 8 月份,上游降雨达到最大时(图 3 - 8),长江中下游正经历伏旱时节,南通悬浮物 Fe_{HR}/Fe_T 和 Fe_U/Fe_T 分别达到全年最小值和最大值(2008 - 8 - 14 样品)。

10 月份之后,随着流域内降雨逐渐结束,长江进入枯季(图 3 - 8)。上游物质的供应恢复到雨季前的水平,南通悬浮物供应主要以中下游贡献为主,所以 Fe_{HR}/Fe_T 逐渐升高,而 Fe_U/Fe_T 继续降低直到下一个雨季来临。另一方面,随着三峡大坝在 2008 年 9 月 28 日蓄水开始(水利部长江水利委员会,2008a),上游泥沙逐渐在水库淤积而难以到达下游。因此,上游物质更加难以进入长江中下游地区,南通悬浮物以中下游供应为主,表现为 10 月份之后 Fe_{HR}/Fe_T 持续上升而 Fe_U/Fe_T 逐渐降低。

为了更直接地说明降雨主导下的沉积物来源变化,本书根据 2008 年 4 月—2009 年 4 月大通水文站和宜昌水文站的月输沙量资料(水利部长江水利委员会,2008a,2009),以宜昌水文站输沙数据代表长江上游沉积物供应量。在假设宜昌水文站的泥沙全部流经大通水文站,且不考虑干流河道冲刷中下游河床泥沙的情况下,以大通水文站和宜昌水文站输沙量之差代表中下游输沙量。长江上游和中下游所贡献泥沙含量及比例分别见图 4 - 9 和图 4 - 10。

在图 4 - 9 中,可以明显看到上游对入海泥沙的贡献主要集中在 7、8、9 三个月。尤其是 9 月份,上游供应泥沙含量超过下游的供应量。图 4 - 10 显示的上游和中下游入海泥沙供应比例更是直接反映了入海泥沙来源的变化。从 2008 年 4 月—6 月,上游来沙只有不到 10%。7 月—9 月,上游贡献基本在 30% 以上,其中 8 月份上游泥沙供应量更是高达 60%,达到全年最大值,这一结果与之前 Fe 的化学相态变化相吻合。9 月之后,上游贡献开始回落,期间虽然 1 月—2 月份略有增减,但整体上看,上游贡献都不足 20%,以下游供应为主。这一结果证实了本书对南

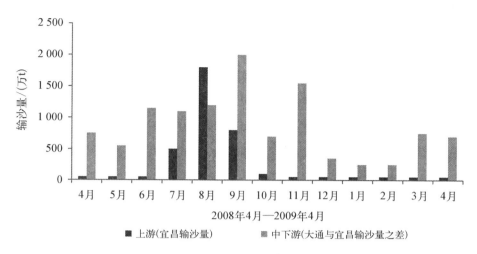

图 4-9　2008 年 4 月—2009 年 4 月长江泥沙上游和中下游输沙量
（2008 年、2009 年中国河流泥沙公报）

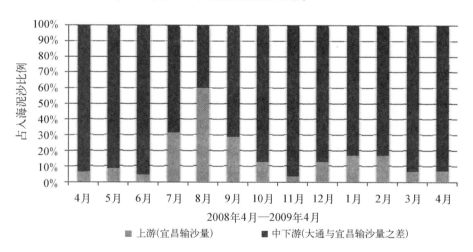

图 4-10　2008～2009 年上游和中下游输沙量占总长江入海
泥沙比例（2008 年、2009 年中国河流泥沙公报）

通干流悬浮物 Fe 的化学相态变化的推断，即季风主导下降雨带的推移，
导致长江不同流域对入海沉积物的贡献发生季节性改变，进而导致南通
悬浮物中 Fe_{HR}/Fe_T 和 Fe_U/Fe_T 的变化。

　　需要说明的是，这一结果与 2003 年之前广大学者对长江入海泥沙研究结果有所不同。传统观点认为,长江入海泥沙主要来源于宜昌之上的上游地区(林承坤,1984),尤其是金沙江和嘉陵江流域(万新宁等,2003)。1956 年—2000 年多年平均统计结果显示(中华人民共和国水利部,2002),宜昌水文站年输沙量为 5.01 亿 t,而大通水文站年输沙量只有 4.33 亿 t,反映出上游来沙中相当一部分可能沉积在中下游流域。而自从 2003 年 6 月 1 日三峡大坝正式下闸蓄水开始后(陈显维等,2006),宜昌水文站的输沙量由 2002 年的 2.28 亿 t 明显下降为 2003 年的 0.976 亿 t(图 4-11)。自 2003 年之后,中下游供应泥沙逐渐高于上游供应泥沙量(2005 年除外),长江入海泥沙来源和组成发生了变化,而这种改变对入海沉积物 Fe 等元素组成,进而对河口地区生态环境的影响值得进一步研究。

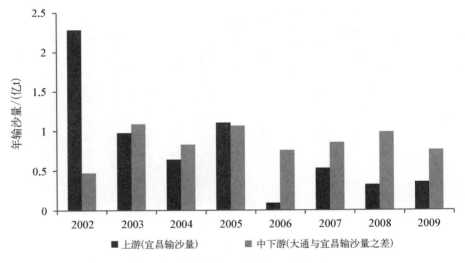

图 4-11 2002—2009 年长江上游和中下游输沙量变化
(2002—2009 年中国河流泥沙公报)

综上所述,2008 年 6 月—2009 年 6 月长江流域的降雨和泥沙数据,证实了南通季节性样品不同相态 Fe 比例的变化,主要是东亚夏季风主导下降雨区移动造成的物源改变引起的。这一结论也解释了为什么南

通季节性样品 Fe_{HR}/Fe_T 与 CIA 和平均粒径的变化的相关性很差。长江流域不同干、支流样品中 Fe_{HR}/Fe_T 主要受当地岩性及风化强度控制,因而 Fe_{HR}/Fe_T 与 CIA 和平均粒径的相关性明显。而南通地区干流季节性样品 Fe_{HR}/Fe_T 的变化,实际反映的是在一年时间内长江上游和中下游流域对河口入海泥沙贡献的改变。因此,长江不同流域样品和南通季节性样品才表现出对平均粒径和 CIA 不同的响应特征。鉴于南通地区悬浮物 Fe_{HR}/Fe_T 对季风主导下雨带迁移较为敏感,该参数组合有可能成为指示年际尺度上东亚夏季风和降水变化的新指标。

4.4.5　长江上游和中下游地区对河口入海沉积物的贡献

前人对于长江入海泥沙的研究,主要集中于对多年入海泥沙量的统计(林承坤,1984;沈焕庭等,2000;万新宁等,2003;王张华等,2007;张瑞等,2008),随着 2003 年三峡正式蓄水开始,三峡大坝对长江入海的泥沙的影响开始引起了学者的广泛关注(Yang 等,2002;陈立等,2003;Xu 等,2006;Yang 等,2006;陈显维等,2006;Yang 等,2007a;Chen 等,2010)。三峡水利枢纽的建成,改变了长江多年入海泥沙的格局,中下游输沙量逐渐超过上游来沙,成为入海泥沙的主要来源(图 4 - 10)。这一改变对河口地区和边缘海生物地球化学循环有重要的影响,因此,定量描述长江入海物质的不同来源,对于研究河口地区的地球化学过程和环境演化都具有极为重要的意义。

本书 4.4.3 节尝试根据宜昌和大通的输沙量的差,粗略估算下游入海泥沙量。但该估计有两个重要的假设,首先通过宜昌的入海泥沙要全部搬运到大通。但许炯心(2005)利用泥沙收支平衡的概念模型计算发现宜昌输出的泥沙中有 11.85% 淤积在宜昌—武汉的河段中。另外一个重要假设就是三峡排出的含沙量较低的河水对下游河道的冲刷忽略不计。但以往研究表明,宜昌下游的冲淤问题是长江中下游地区一直存在的现象,尤其是三峡水库建成之后,水库拦沙使下泄水流含沙量大幅减少,从而使大坝下游河道发生长距离冲刷,预计宜昌—大通江段的泥沙冲刷量会逐年增加,当水库运行至 50 年时,冲刷将到达最高值,约 43×10^8 t(殷鸿福等,2004)。所以,简单地通过上游与中下游泥沙量的收支,很难区分沉积物的具体来源。

考虑到长江上游和中下游沉积物不同相态 Fe 的组成差异,本书利用上游和中下游泥沙 Fe_{HR} 的含量在南通的混合建立模型,计算长江中下游贡献的泥沙量。虽然 Fe_U 也存在长江上游和中下游地区的显著差异,但考虑到 Fe_U 主要赋存在粗颗粒中,在水动力条件差的情况下容易沉降,所以仍然以 Fe_{HR} 为模型参数来讨论。

模型中,我们定义上游输沙量为 $F_{上游}$,中下游输沙量为 $F_{中下游}$。所以,南通段长江悬浮物中 Fe_{HR} 的含量可以通过如下公式计算:

$$Fe_{HR南通} = (F_{上游} \times Fe_{HR上游} + F_{中下游} \times Fe_{HR中下游}) / F_{南通} \quad (4-1)$$

式中,上游输沙量 $F_{上游}$ 以宜昌输沙量 $F_{宜昌}$ 代替,而南通输沙量 $F_{南通}$ 以大通水文站输沙量 $F_{大通}$ 代替,上游和中下游悬浮物平均 Fe_{HR} 见表 4-1。所以,中下游输沙量 $F_{中下游}$ 可以简化为

$$F_{中下游} = (Fe_{HR南通} \times F_{大通} - Fe_{HR上游} \times F_{宜昌}) / Fe_{HR中下游} \quad (4-2)$$

将前面不同样品的 Fe_{HR} 平均值代入式(4-2)中,可以得到中下游月输沙量值,见表 4-6。

通过比较模型计算结果和实测宜昌、大通输沙量之差可以发现(图4-12),模型计算结果普遍较实测数据要低,而差值部分很有可能就是中下游冲淤所造成的。在 2008 年 4 月—2009 年 4 月,南通干流总输沙量约为 1.5 亿 t,而模型计算下游供应泥沙量为(1.0±0.2)亿 t,约占入海泥沙的 2/3。上游泥沙进入江汉平原以后,由于河道突然变宽,流速减慢,大量淤积在宜昌—汉口河段。三峡水库建成之后,水库拦沙使下泄水流

表 4-6　长江 2008 年 4 月—2009 年 4 月中下游
输沙量模型估算与实测比较　　　　　　单位：万 t

时间	宜昌月输沙量	大通月输沙量	大通、宜昌输沙量之差	中下游输沙量模型计算值
4 月	50	800	750	640
5 月	50	600	550	432
6 月	50	1 200	1 150	890
7 月	500	1 600	1 100	996
8 月	1 800	3 000	1 200	1 125
9 月	800	2 800	2 000	1 797
10 月	100	800	700	637
11 月	50	1 600	1 550	1 342
12 月	50	400	350	324
1 月	50	300	250	268
2 月	50	300	250	240
3 月	50	800	750	729
4 月	50	750	700	798
总计	3 650	14 950	11 300	10 219（变化范围 8 700～12 400）

注：宜昌与大通月输沙量数据来自 2008 年、2009 年中国河流泥沙公报

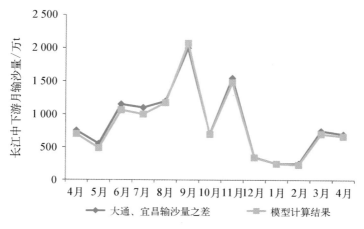

图 4-12　长江中下游输沙量模型计算结果比较

含沙量大幅减少，冲刷能力增强，将之前淤积在河道中的上游泥沙继续向下游搬运。大通与宜昌输沙量之差，包含这部分本该属于上游来沙的冲淤泥沙。因而大通与宜昌输沙量之差要高于真实中下游输沙量。

除了式(4-2)计算中列举的化简过程外，该模型还有以下假设限制条件：

① 该模型的建立仍然是基于上游泥沙全部搬运至南通（大通水文站）这一假设基础之上的。本模型没有考虑上游泥沙在中下游河道搬运过程中的损失，尤其是在洞庭湖的淤积。研究表明三峡蓄水前，洞庭湖由三口接纳了荆江分沙 1.3×10^8 t/a，约为三峡水库蓄水前长江干流泥沙的 1/4，其绝大部分沉积于湖中（李义天等，2000）。虽然本计算中这部分损失仍然无法消除，但考虑到三峡水库蓄水后，出库泥沙急剧减少，而对河道冲刷能力相对增强，因此沉积在中游湖泊中的泥沙也相对变少。

② 同时，还假设了 Fe_{HR} 在搬运过程中稳定，基本不发生变化。考虑到长江干流悬浮物是对广大流域各类风化剥蚀物质的"平均采样"，且细颗粒物质对源区的混合性较高，因此我们认为干流悬浮物的 Fe_{HR} 组成基本可以反映整个流域的平均值。

③ 另外，公式中下游 Fe_{HR} 特征值其实本身已经包含了上游 Fe_{HR} 的信息，如何能更准确地区分上游及中下游 Fe_{HR} 的特征值，也是本模型进一步深化的关键所在。

尽管本模型的提出还有很多不确定性，但是不可否认，这种计算中下游泥沙贡献量的思路还是有一定价值和意义。如何明确上述假设条件，同时选取更加可靠区分上游和中下游特征参数指标，为本研究的下一步工作提出了新的要求，将留在以后深入讨论。

4.5　不同化学相态 Fe 的组合示踪长江沉积物物源

随着美国科学基金会 2004 年《海陆边缘科学计划》(MARGINS)中"从源到汇"研究思路的提出,该方法被广泛应用在边缘海沉积学研究过程中(高抒,2005;杨守业,2006)。长江作为东亚地区最大的河流,成为联系东亚大陆(源)和东亚边缘海(汇)的重要纽带。长江所携带的颗粒物质的地球化学行为、泥沙搬运机制和不同元素入海通量等越来越为广大科学家所关注(Li 等,2007)。然而,由于长江流域范围广,地形和源岩类型复杂,再加上流域内气候变化多样,其入海物质是否稳定值得思考。

本书通过对长江颗粒物质空间分布特征分析,发现长江上游,尤其是金沙江悬浮颗粒物中的 Fe 主要以 Fe_U 的形式存在,表现为高 Fe_U/Fe_T 特征;而中下游悬浮物中主要富集 Fe_{HR} 组分,Fe_{HR}/Fe_T 较高。因此,本书尝试选择这两个参数组合来区分长江不同流域的悬浮颗粒物质。为了验证这一判别组合的合理性,将南通季节性变化的样品投点在 Fe_{HR}/Fe_T 和 Fe_U/Fe_T 的二元图(图 4-13)中,结果显示,南通 5 月—10 月的样品明显落在长江上游物质范围内,而 11 月—次年 4 月份的样品则落在了下游样品范围内。这一发现与之前季节性变化(本书 4.4.4 节)的分析结论是一致的。即雨季的时候,长江入海颗粒物质主要由上游供应,而枯季的时候,入海物质主要来自长江中下游河段的贡献。因此,通过不同化学相态 Fe 的组合,可以很好地区分长江颗粒物的来源,这种判别方法的提出将为识别长江不同河段沉积物贡献的变化提供新的思路。但该方法在具体应用过程中也需谨慎,由于 Fe_{HR}/Fe_T 是表生环境下比较敏感的参数,受粒度、风化、成岩作用甚至污染的影响都很大,所以在使用过程中一定要排除这些因素的干扰。

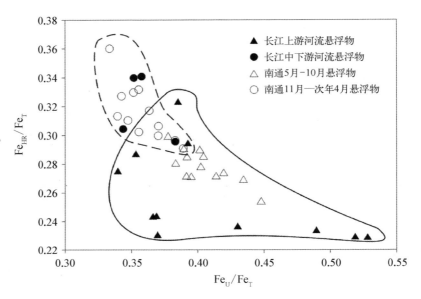

图 4-13　Fe 的不同化学相态组成区分长江沉积物来源

　　为了深入了解长江颗粒物不同化学相态 Fe 的特征,本书还选择其他环境下的样品,例如黄河、粉尘等及前人资料数据(Poulton 和 Raiswell,2002;Mao 等,2010),进行对比分析(图 4-14),从而进一步加深对长江悬浮物特征的认识。通过对比发现,不同学者对长江样品的研究结果还是有所差别的。Mao 等(2010)报道的南京的长江悬浮物数据 Fe_{HR}/Fe_{T} 普遍高于本书数据及 Poulton 和 Raiswell(2002)数据。而不同学者研究结果中 Fe_{U}/Fe_{T} 相对较为接近。这种差异一方面源于样品来源的差异,另一方面也说明该化学操作方法对实验条件和环境要求较高,不同实验条件下得到的数据可比性还有待检验。但比较明确的是,长江作为中国最大的河流,其内部不同流域的样品差别也较大,个别样品很难反映整个长江样品的信息,在今后对大河流域的调查过程中,

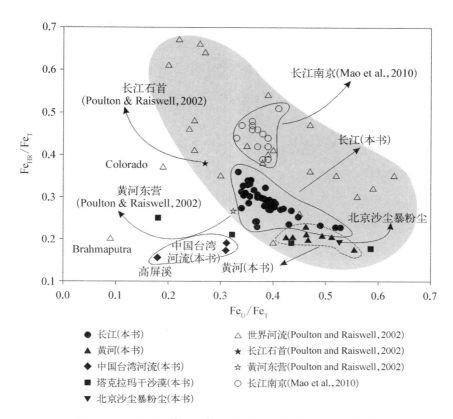

图 4‐14　不同环境下颗粒物 Fe 的不同化学相态组成比较

样品的代表性问题值得重视。

　　相比长江样品,黄河悬浮物样品的 Fe_{HR}/Fe_T 更低而 Fe_U/Fe_T 更高,反映了黄河样品中的 Fe 主要以硅酸盐结合态存在。Li 和 Yang (2010)的研究表明,受气温和降雨的影响,黄河沉积物所经历的化学风化比长江沉积物要弱,反映在 Fe 的化学相态上,沉积物中的 Fe 更容易富集在不活性组分 Fe_U 中。

　　与大部分河流样品(阴影部分)相比,塔克拉玛干沙漠颗粒样品和北京沙尘暴粉尘样品的 Fe_{HR}/Fe_T 也较低,尤其是沙漠样品,Fe_U/Fe_T 的波动范围较大。这说明不同沉积体系和环境下,样品不同化学相态 Fe 的分布还是有较大差距的。值得注意的是,粉尘样品不同化学相态 Fe 的组成与黄河样品较为接近,推测与黄土高原的影响有关。作为世界上含沙量最大的河流,黄河泥沙要来自流经黄土高原地区的侵蚀作用(Ren 和 Shi,1986)。对于北京地区沙尘暴的来源,一般认为,北京的沙尘暴主要来自北京西部和北部干旱半干旱地区(李令军等,2001;Kim 等,2003)。郑妍等(2007)通过对比沙尘暴样品和黄土样品的环境磁学特征发现,二者有较大区别。由于本书研究沙尘暴样品只有一个,且缺乏黄土样品不同化学相态 Fe 的资料,很难揭示它们之间的关系。这为今后工作提出了新的研究方向。

4.6 小　　结

本章主要讨论了长江水系悬浮颗粒物不同化学相态 Fe 的组成在不同流域和不同季节的差异,主要结论为长江上游、尤其是金沙江流域颗粒物质中的 Fe 主要以 Fe_U 的形式存在,表现为高 Fe_U/Fe_T;而中下游悬浮物中主要富集 Fe_{HR} 组分,表现为 Fe_{HR}/Fe_T 较高。这种差异出现的主要原因是各不同组分的 Fe 的控制因素不同,对于 Fe_{HR} 组分,主要受水动力分选和化学风化的影响;而 Fe_{PR} 和 Fe_U 则主要反映了当地岩性特征,主要是含铁矿物的种类和多少。

根据不同流域 Fe 的化学相态的差异,结合水文和气象资料,本书认为南通样品 Fe 的化学相态的季节性变化主要原因是东亚夏季风控制下雨带移动所造成的物源改变。雨季时,长江上游物质对入海沉积物贡献较多,而枯季则以中下游输入为主,同时,三峡大坝的建设加剧了这一季节性差异的分化,使枯水期上游物质大量截留在三峡库区。在此基础上,我们尝试提出了使用不同化学相态 Fe 的参数组合来指示长江入海沉积物来源,该方法将为今后从源到汇的研究提供新的思路。

　　根据上游和中下游样品 Fe_{HR} 含量的差异,结合大通和宜昌水文站输沙量资料,本书尝试定量计算 2008 年 4 月—2009 年 4 月期间,长江上游和中下游对入海泥沙的贡献量。结果表明,在三峡建成蓄水开始后入海泥沙来源发生了改变,入海泥沙以下游供应为主,在上述时间段内,中下游供应泥沙约占入海泥沙的 2/3。

第5章
长江干、支流沉积物的环境磁学特征

    自然条件下,大多数物质都会表现出一定的磁性特征,通常可分为顺磁性、抗磁性和铁磁性三种。环境物质的磁性特征主要是由含铁矿物决定的,由于含铁矿物来源不同、环境影响造成磁性颗粒组合的改变,使不同条件下的环境物质表现出特定的磁性特征,记录了相应的环境信息(Thompson 和 Oldfield,1986;Dearing,1999;Evans 和 Heller,2003)。环境物质的磁性主要受三个因素控制:磁性矿物的含量、磁性矿物晶粒特征和磁性矿物的类型。其他如磁性矿物的形状、磁性矿物在非磁性介质中的分散形式等,也会对物质的磁性产生影响(张卫国等,1995)。环境磁学研究的基础就是通过分析环境物质的磁学属性,揭示物质内部的磁性矿物类型、含量和晶粒组合特征,从而推测其所经历的环境演化过程。

    Zhang 等(2001)通过研究长江口钻孔发现,环境磁学参数可以有效指示潮间带钻孔沉积物中成岩作用的发生。Zhang 和 Yu(2003)发现长江口沉积物磁学参数的变化受粒度影响很大,长江口沉积物中的磁铁矿主要以多畴-假单畴形式存在,不同磁学参数有不同的敏感粒级范围。同时指出,在应用磁化率指示河口地区重金属污染时,一定要考虑粒度的影响。以张卫国、王永红等为代表的学者(王永红等,2004;Zhang

等,2008;牛军利等,2008;Wang 等,2009)先后系统调查了长江口和黄河口表层沉积物,发现长江口磁性颗粒含量比黄河口沉积物更多,以高 SIRM 和 S_{-100} 为特征,同时长江口亚铁磁性颗粒更粗。黄河口细粒沉积物主要由超细晶畴(SP)组成。长江和黄河样品的这种差异主要是流域岩性和风化特征的差异造成的。并提出磁学参数 S_{-100} 和 S_{-300} 可以有效区分长江和黄河样品。

除此之外,黄海和东海海洋沉积物环境磁学属性调查也广泛开展(刘健等,2007;Zheng 等,2010),并且在区分不同沉积物来源上取得了初步成果(Liu 等,2003a;Liu 等,2010;Wang 等,2010)。相比之下,目前我们对长江流域内部河流沉积环境磁学属性的调查开展较少。周立旻等(2008)通过研究长江中下游沉积物发现,长江中下游干、支流河流沉积物中,磁性矿物均以磁铁矿为主,晶粒以假单畴-多畴为主。与干流相比,支流沉积物中不完整反铁磁性物质含量较多,晶粒较细,磁化率仅是干流的 1/10。王辉等(2008)对长江中下游干流样品分 3 种不同粒级(小于 2 mm、小于 0128 mm 和小于 0.112 5 mm)进行讨论,发现磁性矿物主要富集在小于 0.112 5 mm 的细粒沉积物中。进一步分析显示,长江中下游干流河底沉积物的磁性矿物含量比长江口高近 10 倍。从中游到下游,磁性矿物含量逐渐减小,磁性颗粒逐渐变细。干流磁性矿物含量远高于支流,颗粒大小也远粗于支流。

本书将利用常见的磁性参数,例如质量磁化率 χ、磁化率频率系数 $\chi_{fd}\%$、饱和等温剩磁(SIRM)、硬剩磁(HIRM)和 S_{-100} 比值系统讨论长江流域干流,尤其是上游干流与主要支流沉积物环境磁学属性的分布特征;同时利用南通长江干流的季节性样品,讨论入海沉积物的环境磁学参数的季节性变化特征,从而进一步深化对长江沉积物中含铁矿物组成的认识。

5.1　常用环境磁学参数及其环境意义

磁化率 χ 和饱和等温剩磁 SIRM 主要反映物质磁性的强弱。大量样品的磁性测试表明,含量不很高的铁磁晶粒在很大程度上决定了物质的磁化率,故一般可将磁化率看作磁性矿物含量的粗略度量指标。土壤、岩石及沉积物中的磁性强弱主要是由亚铁磁性矿物决定的,例如磁铁矿、磁赤铁矿、钛赤铁矿等。不完整反铁磁性矿物(例如赤铁矿、针铁矿)和顺磁性矿物(例如钛铁矿、橄榄石、菱铁矿、黑云母、辉石等)的贡献较小(表 5 - 1)。但除了与含量有关外,χ 和 SIRM 还依赖于磁性矿物晶粒和类型。一般根据磁性矿物晶粒大小的差异,可将铁磁矿物分为多畴(MD,$1 \sim 2\ \mu m$ 以上)、假单畴(PSD,$0.05 \sim 1\ \mu m$)、稳定单畴(SSD°,$0 \sim 0.05\ \mu m$)、细黏滞性晶粒(FV°,$0 \sim 0.02\ \mu m$)和超顺磁晶粒(SP,$0.001 \sim 0.01\ \mu m$)。质量频率磁化率 χ_{fd}% 反映了超顺磁与稳定单畴 SSD 界限附近的细黏滞性超顺磁颗粒对磁化率的贡献(Thompson 和 Oldfield,1986)。S - ratio 通常反映样品中亚铁磁性矿物(如磁铁矿、磁赤铁矿)与不完整反铁磁性矿物(如赤铁矿、针铁矿)的相对含量变化特征(Thompson 和 Oldfield,1986)。硬剩磁 HIRM 主要指示样品中不完整反铁磁性矿物(例如赤铁矿或针铁矿)的含量(Bloemendal 和 Liu,2005)。

表 5 - 1　不同磁性矿物的磁性比较(张卫国等,1995)

	$\chi(10^{-8}\,SI)$	SIRM(SI)
磁铁矿	$3.9 \sim 5.8 \times 10^4$	93
磁赤铁矿	$4.1 \sim 4.4 \times 10^4$	85
磁黄铁矿	53×10^4	20

	$\chi(10^{-8}\,\mathrm{SI})$	SIRM(SI)
赤铁矿	27～63	0.5
针铁矿	38～125	1
纤铁矿	50～69	0

注：数据来源：俞劲炎等(1991)；Thompson 和 Oldfield(1986)

5.2　长江沉积物的磁学特征的实验结果

5.2.1　长江不同流域干流和支流沉积物的磁学特征

长江流域干、支流沉积物磁学属性的分析结果见表 5 - 2。

表 5 - 2　长江干、支流沉积物中主要磁学参数组成

	样品号	采 样 点	$\chi/$ $(10^{-8}\,\mathrm{m}^3\cdot$ $\mathrm{kg}^{-1})$	χ_{fd}	SIRM/ $(10^{-6}\,\mathrm{Am}^2\cdot$ $\mathrm{kg}^{-1})$	S_{-100}	HIRM/ $(10^{-6}\,\mathrm{Am}^2\cdot$ $\mathrm{kg}^{-1})$	Mz (Φ)
悬浮物	04CJ1 - 1	金沙江·石鼓	18	—	4 700	72.0%	307	3.5
	04CJ3 - 1	金沙江·攀枝花	101	0.8%	47 250	72.4%	616	5.0
	04CJ4	大渡河·乐山	43	—	12 592	74.7%	924	3.9
	04CJ6 - 1	金沙江·宜宾	165	1.7%	57 272	75.4%	1 050	4.2
	04CJ9	长江·泸州	123	2.7%	53 780	73.2%	1 337	6.3
	04CJ11	长江·重庆	133	2.9%	55 752	72.4%	2 888	5.7
	04CJ12	长江·万州	93	—	40 723	73.8%	93	7.8
	04CJ14	汉江·仙桃	24	—	8 262	86.7%	107	—
	CJ - DT	长江·大通	54	2.0%	9 794	82.3%	568	7.5
	NT - mean	长江·南通	80	3.7%	14 588	83.4%	609	7.3
	悬浮物	平均值	83	2.3%	30 471	76.6%	850	5.7
	悬浮物	标准偏差	49	1.0%	22 222	5.4%	820	1.6
	悬浮物	变异系数/%	58	45%	73	7%	96	29

续　表

	样品号	采样点	$\chi/$ $(10^{-8}\ m^3 \cdot kg^{-1})$	χ_{fd}	SIRM/ $(10^{-6}\ Am^2 \cdot kg^{-1})$	S_{-100}	HIRM/ $(10^{-6}\ Am^2 \cdot kg^{-1})$	Mz (Φ)
河漫滩沉积物	CJ3-3	金沙江·金安	157	1.3%	48 188	75.4%	2 399	3.8
	CJ4-1	雅砻江·攀枝花	352	2.0%	74 997	83.7%	1 517	5.3
	CJ5-3	金沙江·攀枝花	306	1.7%	69 525	76.0%	1 732	5.3
	CJ7-4	大渡河·乐山	124	1.0%	15 002	86.7%	49	3.3
	CJ9-3	长江·宜宾	209	2.6%	59 596	80.6%	2 545	3.7
	CJ11	岷江·宜宾	103	1.4%	16 789	81.7%	648	3.3
	CJ13-2	长江·泸州	144	0.9%	38 363	84.1%	479	3.7
	CJ14-1	沱江·泸州	136	1.8%	41 235	80.5%	1 184	7.2
	CJ16-1	涪江·合川	10	—	1 292	74.0%	210	3.2
	CJ17-1	嘉陵江·合川	76	1.6%	8 397	80.5%	665	3.8
	CJ20-1	乌江·涪陵	58	3.2%	9 269	91.6%	45	7.6
	YJ1-1	沅江·常德	33	2.9%	5 770	87.6%	311	7.3
	CJ26-1	长江·大通	123	1.5%	28 041	89.5%	465	7.9
	CJ4-CM	长江·崇明岛	55	3.4%	12 732	80.5%	810	5.3
	河漫滩样	平均值	135	1.9%	30 657	82%	933	5.0
	河漫滩样	标准偏差	98	0.8%	24 796	5.3%	826	1.8
	河漫滩样	变异系数/%	73	42%	81	6%	89	35
		中下游平均(17)	99	2.0%	13 437	—	426	—
		标准偏差	32	1.4%	6 241		205	
		长江口(100)	73	2.5%	10 900	81.8%	525	—
		标准偏差	20	1.4%	2 505	2.1%	111	

注：中下游平均数据来自王辉等(2008)；河口数据来自 Zhang 等(2008)

对悬浮物样品而言，χ 的最大值出现在宜宾金沙江样品，最小值出现在仙桃汉江样品，平均值为 $83\times10^{-8}\ m^3/kg$，变异系数为 58%；χ_{fd}% 的最大值出现在南通长江样品，最小值出现在攀枝花金沙江样品，平均值为

2.3%,变异系数为45%;SIRM 的最大值出现在宜宾金沙江样品,最小值出现在石鼓金沙江样品,平均值为 30 471×10^{-6} Am^2/kg,变异系数为73%;S$_{-100}$的最大值出现在仙桃汉江样品,最小值出现在金沙江石鼓样品,平均值为76.6%,变异系数为7%;HIRM 最大值出现在重庆长江样品,最小值出现在万州长江,平均值为 850×10^{-6} Am^2/kg,变异系数为96%。

河漫滩沉积物样品 χ 的最大值出现在攀枝花雅砻江样品,最小值出现在合川涪江样品,平均值为 135×10^{-8} m^3/kg,变异系数为73%。χ_{fd}%最大值出现在崇明长江样品,最小值出现在泸州长江样品,平均值为1.9%,变异系数为42%。SIRM 最大值出现在攀枝花雅砻江样品,最小值出现在合川涪江样品,平均值为 30 657×10^{-6} Am^2/kg,变异系数为81%。S$_{-100}$最大值出现在涪陵乌江,最小值出现在合川涪江样品,平均值为82%,变异系数为6%。HIRM 最大值出现在宜宾长江样品,最小值出现在涪陵乌江样品,平均值为 933×10^{-6} Am^2/kg,变异系数为89%。粒度分析结果显示,悬浮物样品平均粒径为5.7Φ,而河漫滩样品平均粒径为5.0Φ。

对比悬浮物样品和河漫滩样品,只有 χ 差别较大,其余参数平均值相差不大,变异系数显示的波动范围也类似。一般认为,河漫滩样品与悬浮物样品的主要区别是粒度的差别造成水动力分选不同,而本书结果显示二者差别不大。因此我们认为,样品属性和粒度差异可能对磁学参数的影响不大,为了讨论方便,在下文中不再区分悬浮物样品和河漫滩样品,统一称为长江沉积物,一并讨论。本书河漫滩样品分析结果与王辉等(2008)报道的长江中下游河床沉积物平均结果比较,发现前人报道的 χ_{fd}%与本书研究河漫滩结果较接近,而 χ、SIRM 和 HIRM 较本书偏低,只有 13 437×10^{-6} Am^2/kg 和 42 637×10^{-6} Am^2/kg。与 Zhang 等(2008)的长江口沉积物数据相比,S$_{-100}$数据接近,本书 χ、SIRM 和 HIRM 高于河口数据,而 χ_{fd}%低于河口数据。

所有长江样品各磁学参数,在流域内自西向东的分布情况见图 5-1。

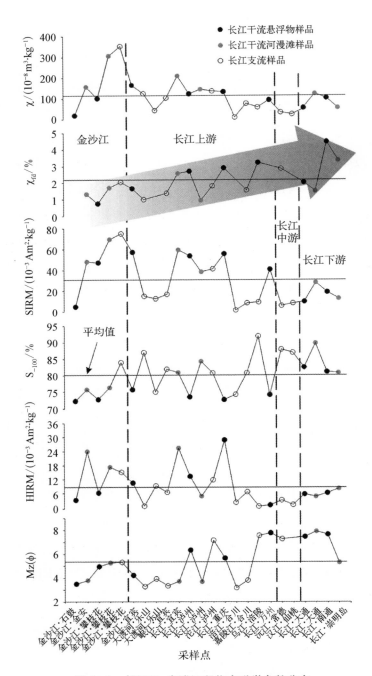

图 5-1　长江干、支流沉积物中磁学参数分布

长江沉积物的 χ 在金沙江流域逐渐升高,在雅砻江样品中达到最大。从宜宾向下游逐渐降低,尤其在中下游地区,普遍低于样品平均水平。金沙江段样品的 χ_{fd}% 较低,下游地区 χ_{fd}% 较高,在这个流域内呈逐渐增加的趋势。SIRM 的变化与 χ 的变化类似,同样表现出在金沙江流域的急剧上升,宜昌下游逐渐降低。值得注意的是,支流样品的 SIRM 普遍低于临近的干流样品,金沙江流域及长江上游干流样品中 SIRM 较高,而下游样品 SIRM 较低。S_{-100} 和 Mz 的变化趋势与 χ_{fd}% 类似,也是从上游至下游逐渐升高,金沙江样品和长江上游样品普遍低于平均水平,而长江中下游样品普遍高于平均水平。HIRM 在金沙江流域长江上游波动较大、含量较高,而中下游地区明显低于上游,普遍在平均值以下。

5.2.2　南通季节性沉积物的环境磁学特征

相比长江沉积物磁学特征的空间分布,前人对环境磁学参数季节性变化的讨论报道更少。本书利用南通长江干流季节性悬浮物样品,讨论长江入海沉积物磁学属性在一年中的变化规律(表 5 - 3)。

表 5 - 3　南通长江干流悬浮颗粒物质磁学参数组成

样品名	采样日期	χ/(10^{-8} m³·kg⁻¹)	χ_{fd}	SIRM/(10^{-6} Am²·kg⁻¹)	S_{-100}	HIRM/(10^{-6} Am²·kg⁻¹)	Mz (Φ)
CJ - NT - 02	2008 - 4 - 10	72	3.0%	11 257	85%	295	7.2
CJ - NT - 03	2008 - 4 - 18	49	—	8 724	83%	70	7.8
CJ - NT - 04	2008 - 4 - 24	75	3.3%	12 577	83%	544	7.4
CJ - NT - 05	2008 - 4 - 29	77	3.3%	13 278	82%	993	7.3
CJ - NT - 06	2008 - 5 - 9	79	1.8%	12 736	84%	466	7.4
CJ - NT - 07	2008 - 5 - 15	57	2.1%	11 973	83%	737	7.7
CJ - NT - 08	2008 - 5 - 21	62	7.9%	11 584	84%	261	7.8
CJ - NT - 09	2008 - 5 - 27	80	5.8%	13 875	86%	739	7.3

续　表

样 品 名	采样日期	$\chi/$ $(10^{-8}\,m^3 \cdot kg^{-1})$	χ_{fd}	SIRM/ $(10^{-6}\,Am^2 \cdot kg^{-1})$	S_{-100}	HIRM/ $(10^{-6}\,Am^2 \cdot kg^{-1})$	Mz (Φ)
CJ-NT-10	2008-6-6	98	5.2%	14 283	86%	703	7.1
CJ-NT-11	2008-6-15	76	—	14 039	88%	895	7.7
CJ-NT-12	2008-6-20	84	4.3%	14 783	85%	677	7.0
CJ-NT-13	2008-6-27	65	—	11 004	83%	441	7.6
CJ-NT-14	2008-7-4	70	6.6%	12 760	81%	1 221	7.5
CJ-NT-15	2008-7-11	58	—	11 473	84%	647	7.7
CJ-NT-16	2008-7-18	82	1.6%	15 446	84%	213	7.0
CJ-NT-17	2008-7-24	70	—	12 805	82%	363	7.4
CJ-NT-18	2008-8-2	78	3.4%	13 345	84%	164	7.1
CJ-NT-19	2008-8-8	78	2.6%	13 132	84%	450	7.1
CJ-NT-20	2008-8-14	80	6.1%	14 354	82%	680	7.7
CJ-NT-21	2008-8-22	87	5.0%	14 428	84%	685	6.9
CJ-NT-22	2008-8-29	103	4.5%	18 887	81%	619	7.4
CJ-NT-23	2008-9-6	82	3.0%	18 088	81%	604	7.6
CJ-NT-24	2008-9-11	81	4.4%	14 867	81%	553	7.6
CJ-NT-25	2008-9-19	93	2.9%	19 237	81%	1 409	7.1
CJ-NT-26	2008-9-26	91	4.3%	21 175	78%	755	7.5
CJ-NT-27	2008-10-4	88	3.4%	22 033	79%	1 061	7.3
CJ-NT-28	2008-10-11	81	—	17 894	80%	124	7.5
CJ-NT-29	2008-10-18	82	4.2%	19 888	82%	532	7.3
CJ-NT-30	2008-10-25	75	5.9%	17 245	82%	1 217	7.6
CJ-NT-31	2008-11-1	83	5.0%	16 252	82%	488	7.4
CJ-NT-32	2008-11-8	57	—	11 484	81%	565	8.0
CJ-NT-33	2008-11-15	84	0.7%	14 816	83%	712	7.3
CJ-NT-34	2008-11-22	68	4.1%	11 394	83%	437	7.5

续　表

样品名	采样日期	$\chi/$ $(10^{-8} \text{ m}^3 \cdot \text{kg}^{-1})$	χ_{fd}	SIRM/ $(10^{-6} \text{ Am}^2 \cdot \text{kg}^{-1})$	S_{-100}	HIRM/ $(10^{-6} \text{ Am}^2 \cdot \text{kg}^{-1})$	Mz (Φ)
CJ - NT - 35	2008 - 11 - 29	80	2.9%	15 106	82%	1 306	6.9
CJ - NT - 36	2008 - 12 - 6	101	2.6%	16 825	82%	1 010	7.4
CJ - NT - 37	2008 - 12 - 14	76	0.6%	13 392	89%	429	7.2
CJ - NT - 38	2008 - 12 - 20	71	0.9%	12 476	85%	654	7.6
CJ - NT - 39	2008 - 12 - 27	77	3.9%	13 767	84%	874	7.2
CJ - NT - 42	2009 - 1 - 15	82	4.0%	16 094	85%	907	7.4
CJ - NT - 43	2009 - 1 - 20	83	3.2%	16 344	88%	732	7.5
CJ - NT - 44	2009 - 2 - 4	79	3.3%	15 133	90%	828	7.3
CJ - NT - 45	2009 - 2 - 10	100	—	15 698	87%	267	6.9
CJ - NT - 48	2009 - 3 - 8	75	0.9%	13 178	84%	702	7.5
CJ - NT - 49	2009 - 3 - 15	84	0.6%	13 240	86%	583	7.1
CJ - NT - 50	2009 - 3 - 22	67	6.0%	11 203	88%	558	7.3
CJ - NT - 51	2009 - 4 - 3	57	—	9 957	84%	477	7.7
CJ - NT -汛期		79	4.3%	15 253	83%	649	7.4
CJ - NT -枯季		76	2.8%	13 438	85%	640	7.4
CJ - NT -全年		78	3.6%	14 424	84%	644	7.4

结果显示，χ 全年最大值为 103×10^{-8} m³/kg，出现在 2008 - 8 - 29；最小值为 49×10^{-8} m³/kg，出现在 2008 - 4 - 18；全年平均值为 78×10^{-8} m³/kg，洪季和枯季平均值差别不大。

χ_{fd}% 全年最大值为 7.9%，出现在 2008 - 5 - 21；最小值为 0.6%，出现在 2008 - 12 - 14 和 2008 - 3 - 15；全年平均为 3.6%，汛期平均值明显高于枯季平均值。

SIRM 全年最大值为 $22\,033 \times 10^{-6}$ Am²/kg，出现在 2008 - 10 - 4；最小值为 $8\,724 \times 10^{-6}$ Am²/kg，出现在 2008 - 4 - 18；全年平均值为

14 424×10^{-6} Am^2/kg，洪季平均 SIRM 略高于枯季。

S$_{-100}$全年最大值为 90%，出现在 2009-2-4；最小值为 78%，出现

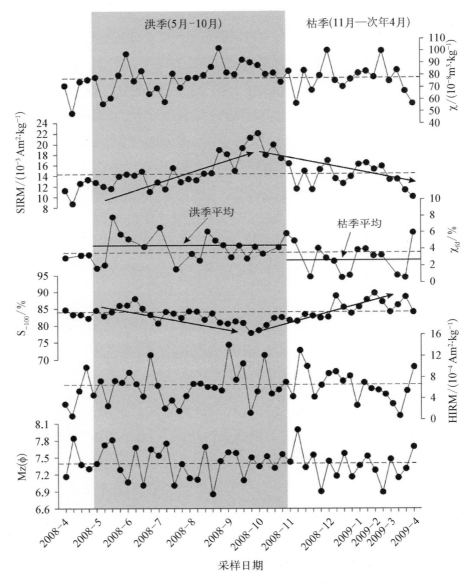

图5-2　南通长江干流季节性样品磁学参数的分布

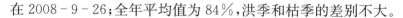

在 2008 - 9 - 26;全年平均值为 84%,洪季和枯季的差别不大。

HIRM 全年最大值出现在 2008 - 9 - 19,最小值出现在 2008 - 4 - 18,全年平均值为 644×10^{-6} Am^2/kg,洪季和枯季差别不大。

平均粒径最大值为 8.0Φ,出现在 2008 - 11 - 8;最小值为 6.9Φ,分别出现在 2008 - 8 - 22、2008 - 11 - 29 和 2009 - 2 - 10;全年平均值为 7.4Φ,洪季和枯季平均值几乎没有差别。

进一步分析结果显示,不同磁学参数随时间变化表现出不同的分布特征(图 5 - 2)。

虽然有个别波动,但整体上 χ 在洪季逐渐升高,而枯季略有下降。相比 χ,SIRM 的变化季节性更加明显,从 2008 年 5 月—2008 年 9 月,逐渐上升,在 9 月底达到最大,从 10 月之后开始逐渐降低。χ_{fd}% 在洪季和枯季也显示出较大差异,在洪季时明显高于全年平均值,而枯季普遍低于年平均值。相比空间上 χ_{fd}% 的分布,南通地区悬浮物的 χ_{fd}% 明显偏高。长江流域不同采样点样品 χ_{fd}% 变化在 0.8%~4.5% 之间波动,而南通季节性变化样品的 χ_{fd}% 波动范围为 0.6%~7.9%,明显高于流域内样品波动范围。S$_{-100}$ 的变化显示出与 SIRM 相反的特征,从 5 月—9 月逐渐降低,9 月底达到最小值,10 月之后逐渐升高,12 月之后样品普遍高于年平均水平。HIRM 在全年波动较大,没有明显规律,11 月—次年 3 月呈下降的趋势。南通样品平均粒级 Mz 在一年内也没有明显变化。

5.3　长江沉积物的磁参数组成空间分布的影响因素

环境物质的磁学属性主要受样品中磁性矿物的含量、矿物晶粒特征及磁性矿物类型的影响(张卫国等,1995)。其中,磁性颗粒大小被认为是影响沉积物磁性特征的重要原因之一（Thompson 和 Oldfield，1986；Maher，1988；Zhang 和 Yu，2003）。但本书数据显示长江沉积物各项磁学参数与粒度的关系并不明显（图 5 - 3），推测主要是因为长江流域岩性变化太复杂，不同岩性对磁学参数的影响与粒度对磁学参数的影响

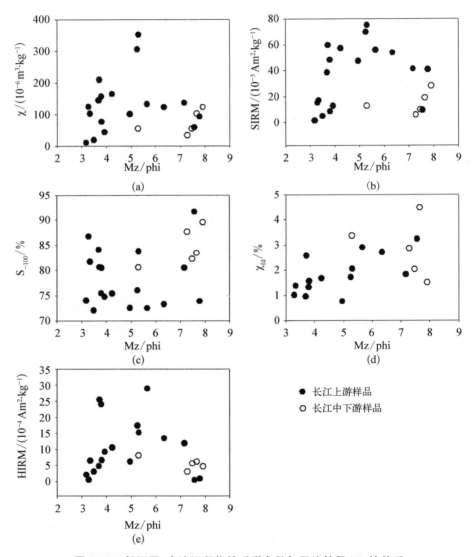

图 5 - 3　长江干、支流沉积物的磁学参数与平均粒径 Mz 的关系

相互叠加,使粒度对各磁学参数的影响不明显。另一方面,三峡大坝的建设,使长江流域水动力环境受到极大改变(Yang 等,2006),自然条件下的水动力分选受到人为影响严重,也削弱了粒度对各磁学参数的控制。考虑到本小节中粒度对样品磁学属性影响不大,没有特殊说明的情况下,本书将长江悬浮物质与河漫滩样品统一称为长江沉积物,一并讨论。

质量磁化率 χ 和饱和等温剩磁 SIRM 通常被认为是样品中磁性矿物含量多少的反映,长江不同流域干流和支流样品中 χ 和 SIRM 的变化也较为一致。在石鼓地区金沙江样品中 χ 和 SIRM 的含量最低,经过攀枝花地区后显著升高,并在雅砻江样品达到最大值(图 5-1)。大渡河和岷江的 χ 和 SIRM 要明显低于临近的长江干流样品。从宜宾干流向下,χ 和 SIRM 虽然有小的波动但整体上逐渐降低,包括金沙江河段在内的长江上游干流悬浮物 χ 和 SIRM 平均值分别为 131×10^{-8} m³/kg 和 $36\,373 \times 10^{-6}$ Am²/kg;而中下游地区的干流悬浮物 χ 和 SIRM 平均值分别为 62×10^{-8} m³/kg 和 $13\,198 \times 10^{-6}$ Am²/kg。

由于各磁学参数的变化主要反映的是磁性矿物组成和含量的差异,长江沉积物的磁学参数分布主要反映的还是物源区的岩性和铁磁性矿物组成特征。χ 和 SIRM 主要反映物质磁性的强弱及磁性颗粒的多少,不同之处在于 SIRM 不受顺磁性和抗磁性物质的影响,主要由亚铁磁性矿物和不完整反铁磁性矿物所贡献。二者在长江沉积物样品中表现出良好的相关性(图 5-4),反映了长江沉积物中主要磁性颗粒以亚铁磁性颗粒为主,顺磁性和不完整反铁磁性矿物含量较低,与前人报道一致(Zhang 等,2008;王辉等,2008;Wang 等,2009)。

石鼓地区金沙江样品中 χ 和 SIRM 值最低,这与石鼓之上金沙江主要流经碎屑岩和碳酸盐岩地区有关(长江流域岩石类型图,1998),风化沉积物中 Fe 的含量较低,相应的含铁矿物也较少。离开石鼓之后,金沙

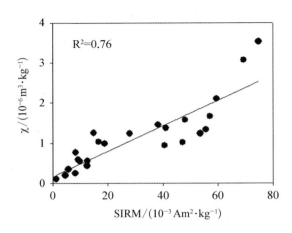

图 5 - 4　长江干、支流沉积物中 χ 与 SIRM 的相关性

江流经攀枝花地区(金沙江—雅砻江流域)。攀枝花是我国著名的钒钛磁铁矿产地,主要分布在川西的攀枝花至西昌地区,已探明储量达上百亿 t(四川省地质矿产局攀西地质大队,1987)。矿物学研究表明,攀枝花地区样品中磁铁矿的含量明显高于长江流域其他地区(王中波等,2006;王中波等,2007;Yang 等,2009;何梦颖,2011)。本书研究结果也显示,攀枝花地区样品 χ 和 SIRM 值明显高于其他样品,达到了干流样品中的最高值。进入宜宾之后,随着其他支流汇入的稀释作用,样品 χ 和 SIRM 值逐渐降低。尤其是进入中下游地区,χ 和 SIRM 平均值已分别降为 62×10^{-8} m³/kg 和 $13\,198 \times 10^{-6}$ Am²/kg,与王辉等(2008)报道的中下游数据(99×10^{-8} m³/kg 和 $13\,437 \times 34^{-6}$ Am²/kg),和 Zhang 等(2008)长江口底质沉积物数据(73×10^{-8} m³/kg 和 $10\,900 \times 10^{-6}$ Am²/kg)较接近。

χ_{fd}%的变化趋势与 χ 和 SIRM 的变化明显不同。长江流域从上游到下游,χ_{fd}%表现出波动中上升的趋势。χ_{fd}%主要反映了细黏滞性超顺磁颗粒对磁化率的贡献。通常情况下,在基岩中基本不存在超顺磁和细黏滞性物质,只有在物质风化成土过程中,通过化学生物过程,才会将大颗粒的晶粒转化为超顺磁物质(Maher，1986)。本书中 $\chi_{fd}\%$ 值的变化暗示了长江流域风化程度由上游至下游逐渐加强，与本书第 3 章的分析和前人对长江流域风化机制的讨论结果相符(Yang 等，2004；茅昌平，2009)。卢升高等(2000)根据长江中下游第四纪沉积物发育土壤磁性增强的机制，认为 $\chi_{fd}\%$ 等于 5% 可作为指示长江中下游地区的超顺磁性颗粒 SP 是否存在的指标。王辉等(2008)报道的数据表明长江中下游干流底质沉积物 $\chi_{fd}\%$ 都在 5% 以下，结合本书长江沉积物 $\chi_{fd}\%$ 结果，反映了整个长江流域沉积物中 SP 组分普遍不明显。

　　S_{-100} 也表现出上游较低，而中下游较高的分布特征。S_{-100} 的这种变化反映了越向下游，磁铁矿在所有磁性矿物中所占的组分越高，这一结果与 χ 和 SIRM 分析所得到的结论有些不一致。王辉等(2008)的报道中，都有类似现象，自洞庭湖至江阴一段，长江干流河床沉积物 S_{-100} 也有逐渐增大趋势。S_{-100} 通常反映样品中亚铁磁性矿物(如磁铁矿、磁赤铁矿)与不完整反铁磁性矿物(如赤铁矿、针铁矿)的相对含量变化特征(Thompson 和 Oldfield，1986；Bloemendal 和 Liu，2005)。当自上而下 S_{-100} 逐渐升高，而 χ 和 SIRM 逐渐降低时，只能是不完整反铁磁性矿物逐渐降低。本书结果显示，作为不完整反铁磁性矿物指标的 HIRM，确实在中下游样品中要明显低于上游样品，这一结果与王辉等(2008)的报道中 HIRM 结果是一致的。

　　王辉等(2008)通过对比洞庭湖入江口、鄱阳湖入江口、汉江入江口、巢湖入江口数据和长江干流底质沉积物认为，长江中下游干流磁性矿物含量高于支流，磁性矿物颗粒粗于支流，中下游支流样品不完整反铁矿物相对较多。本书长江中下游支流沉积物与干流沉积物环境磁学参数的差别并不大。但长江上游干流和支流沉积物显示出明显差别，雅砻江、大渡河和嘉陵江沉积物中 S_{-100} 明显高于临近干流样品，而大渡河、岷江、涪江、嘉陵江和乌江沉积物 SIRM 则明显低于临近干流沉积物，显示了长江上游和中下游干流及支流存在明显差异。

5.4 长江沉积物的环境磁参数组成季节性变化的影响因素

　　与本书第 4 章不同化学相态 Fe 的讨论结果类似,环境磁学参数的季节性分布特征也受下游干流沉积物来源控制,推测与流域一年内水文和气象的变化信息密切相关。长江流域的降雨特征及所引起的不同流域输沙量的变化,已经在第 4 章中详细论述,这里不再详细说明。在本书所讨论的 5 个参数中,SIRM 和 S_{-100} 的季节性变化特征与长江流域降水特征有更好的一致性。从 4 月—10 月,随着雨带由长江流域中下游地区向上游地区推移,上游物质在下游南通沉积物中的贡献逐渐增加(图 4 - 10)。由于长江上游地区沉积物 SIRM 普遍较高而 S_{-100} 普遍较低,随着上游贡献量的增加,南通样品 SIRM 逐渐增加而 S_{-100} 逐渐降低,显示出由中下游沉积物主导的源区向上游沉积物主导的源区特征过渡(图 5 - 2)。9 月之后,随着雨带的逐渐回撤,上游物质供应越来越少,南通样品磁学参数逐渐显示出下游沉积物特征,SIRM 开始逐渐降低而 S_{-100} 逐渐升高。尤其随着三峡蓄水的开始(9 月底),这种分化越来越明显,导致南通样品 SIRM 和 S_{-100} 回到中下游沉积物磁学属性的范围。

　　但并非所有磁学参数的波动都与流域降水的变化同步改变。在一年时间内, χ 和 $\chi_{fd}\%$ 并没有显示出与 SIRM 和 S_{-100} 类似的季节性变化特征。虽然 χ 和 SIRM 都主要反映物质磁性的强弱和多少,但与 SIRM 相比, χ 非常容易受到磁性颗粒形状、大小的影响,同时也容易受到反亚铁磁性矿物的干扰。然而 SIRM 却不受顺磁性矿物的影响,超顺磁性颗粒的 SIRM 几乎为零(Maher，1988)。南通样品的 $\chi_{fd}\%$ 平均值为 3.6%，变化范围为 0.6%～7.9%，明显高于流域内样品的 $\chi_{fd}\%$ 的平均值(2.1%)和变化范围(0.8%～4.5%)。因此，南通采样点处的 $\chi_{fd}\%$ 可能并不完全来自长江上游河流沉积物贡献，而是有其他更富集 $\chi_{fd}\%$ 的组分加入。卢升高等(2000)研究长江中下游第四纪土壤发现，分布于长江中下游南、北两侧的土壤颗粒，$\chi_{fd}\%$ 变化范围高达 11.1%～14.5%，认为土壤中异常高的 $\chi_{fd}\%$ 主要是由成土作用过程中新的次生的超顺磁颗粒和稳定单畴颗粒所造成的。除此之外，江汉平原和长江三角洲地区大量种植水稻，土壤发育主要以水稻土为主(长江流域岩石类型图，1998)。在植物根系附近有机质存在的情况下，磁细菌在还原含 Fe 矿物的过程中可以合成新的磁铁矿、磁黄铁矿等。这些由细菌合成的磁铁矿大多属于 SP - SSD 范畴，极有可能导致 $\chi_{fd}\%$ 的富集(Kirschvink，1982；Petersen 等，1986；Fassbinder 等，1990)。另一方面，$\chi_{fd}\%$ 的季节性变化显示出与 SIRM 和 S_{-100} 不同的变化规律。汛期 $\chi_{fd}\%$ 的平均值为 4.3%，枯季只有 2.8%，反映了汛期和枯季的 $\chi_{fd}\%$ 来源确实发生了改变，但这种变化在雨季(洪季)并没有表现出随降雨增加而递增的趋势，而是短时间就达到了一个较高的水平。推测这种变化是因为中下游局部地区降雨冲刷当地土壤，将大量 $\chi_{fd}\%$ 在短时间内输送到长江中。因此，$\chi_{fd}\%$ 表现出了与 SIRM 和 S_{-100} 不同步的变化规律。作为所有磁性颗粒总的表现和反映，χ 既包含单畴及多畴颗粒的信息(SIRM)，又包含超顺磁性颗粒的贡献($\chi_{fd}\%$)，因而是 SIRM 和 $\chi_{fd}\%$ 波动变化的一个综合反映。虽然 HIRM 在长江上游和中下游也有较大差别，但南通沉积物 HIRM 并没有表现出明显的季节性变化趋势，暗示了 HIRM 与 SIRM 和 S_{-100} 可能有不同水动力搬运过程。

南通样品各磁学参数与粒度分析结果(图 5 - 5)显示除 χ 与 Mz 有较弱的相关性外，其他另外三个磁学参数与 Mz 都没有明显相关性，与流域空间样品反映的规律类似(图 5 - 3)。与之前的认识类似,我们认为本书中磁学参数普遍与粒度相关性较差,主要还是与长江流域复杂的沉积物源汇过程及三峡大坝对长江水动力条件的改变削弱了粒度对各磁学参数的影响。

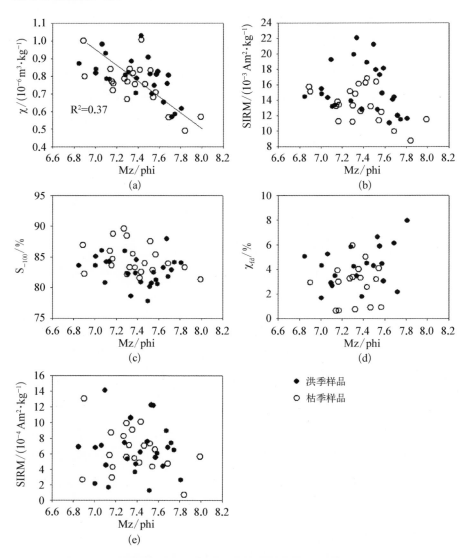

图 5 - 5 南通地区长江干流季节性样品各磁学参数与 Mz 的关系

南通季节性悬浮物样品各磁学参数与 CIA 的关系见图 5 - 6。结果显示,相比 χ_{fd}‰ 和 S_{-100},SIRM 和 χ 与 CIA 的相关性略高一些。茅昌平(2009)对南京季节性悬浮物 CIA 的研究发现,CIA 存在着明显的季节性变化,即洪季 CIA 较低而枯季 CIA 较高,并解释这种变化主要反映

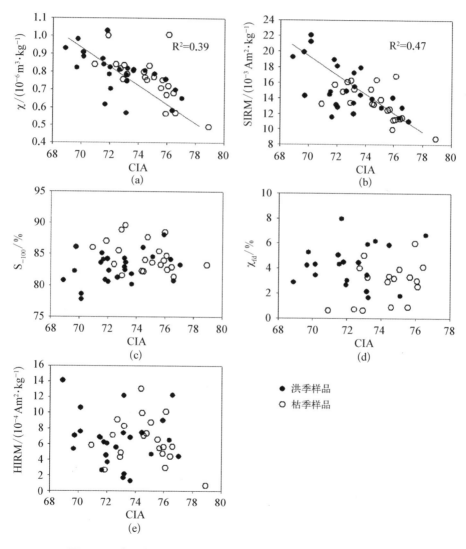

图 5 - 6　南通段长江干流季节性样品各磁学参数与 CIA 的关系

了南京悬浮物源区物理、化学风化和水文分选共同作用的结果。不同磁学参数对 CIA 响应的不一致，说明了不同磁学参数的载体来源不同。SIRM 主要反映了稳定单畴亚铁磁性矿物的变化，在南通悬浮物中，以原生的磁铁矿为主，主要来自长江上游，尤其是金沙江、雅砻江、岷江一带（王中波等，2006；何梦颖，2011）；而上游的化学风化总体较弱，CIA 偏低，因此，CIA 与 SIRM 呈现负相关关系。$\chi_{fd}\%$ 主要反映了超顺磁颗粒的变化，由上文分析可知在南通沉积物中主要是以次生的细粒磁铁矿为主，主要来自中下游细菌作用下的成土作用。

总体上，南通悬浮物样品不同磁学参数的变化，反映了不同的沉积物来源。SIRM 的贡献主要来自上游沉积物，南通样品 SIRM 的季节性变化主要反映了洪季和枯季上游沉积物在入海物质中的比例；$\chi_{fd}\%$ 的变化，虽然也受沉积物来源改变的影响，但更多地反映了中下游地区本身的地质条件和环境的特征，尤其是成土作用可以形成大量次生超顺磁颗粒。χ 是各种磁性颗粒磁性贡献的一个综合反映，既包含稳定单畴颗粒的贡献，也包含超顺磁颗粒的影响，因而南通悬浮物的 χ 的季节性特征并不明显。

值得注意的是，随着各种人类活动的增强，例如，采矿、冶金及化石燃料的使用，极大地改变了环境中磁性物质的来源。例如燃煤产生的球形磁铁矿和大量含铁工业废水，通过大气或河流等途径进入自然环境中。现代土壤、沉积物的表层磁性增强（Thompson 和 Oldfield，1986；Yang 等，2007c；郑妍等，2007），往往与工业排放的磁性矿物有关。环境磁学方法正逐步发展成为重金属污染指示的一种有效方法（张卫国等，1995；闫海涛等，2004；符超峰等，2008）。然而，如何区分人类活动成因的磁性颗粒与自然成因的磁性颗粒，成为摆在环境磁学应用面前的新的问题（Li 等，2009）。Dearing（1999）的研究表明，化石燃料燃烧形成的磁性颗粒主要以多畴和假单畴等磁性颗粒存在。因此，除了对磁学信号强弱的研究,对磁性颗粒大小和磁畴的研究,或许可以为区分人类活动成因的磁性颗粒提供新的思路。另一方面,地球化学、矿物学等多种分析手段的综合应用,也是提高分析准确性的重要手段。

长江中下游地区是我国人口最为稠密和集中的地区之一,沿江各种工业活动频繁,武汉、铜陵、南京等地钢铁冶炼厂,冬季取暖产生的大量粉煤灰,水稻的广泛种植等,都对长江沉积物磁学参数产生重要影响。例如,Zhang 和 Yu,(2003)对崇明潮滩现代沉积物的研究发现,沉积物磁学特征与现代污染存在着明显的关系。而 Li 等(2011)在研究南京八卦洲沉积物时发现,2004 年以来的沉积物磁化率明显偏高,主要反映了附近粉煤灰排放的增强。受材料所限,本书对长江沉积物的讨论还无法识别分析人类活动对长江沉积物环境磁学特征所造成的影响,但人类活动的影响在长江中下游现代沉积物的研究过程中不容忽视。

5.5　不同环境下沉积物样品的磁学参数的比较

通过以上分析可以发现,长江流域受母岩、风化、水动力条件及人类活动等的影响,上游和中下游沉积物环境磁学特征有显著区别。本书尝试用不同组合的磁学参数,深化对长江上游和中下游沉积物特征的认识。在 SIRM 和 HIRM 组合中(图 5 - 7),长江上游沉积物的变化范围明显比中下游要大,反映了上游地区含铁矿物的来源和组成更为复杂。与之类似,S_{-100} 和 HIRM 组合也能很好地区分上游和中下游沉积物。因此,不同环境磁学参数的组合有可能成为区分长江上游和中下游沉积物的新方法。

相比长江流域内部沉积物识别,环境磁学方法已经在黄海及东海沉积物物源识别上取得了良好的效果(Liu 等,2003a;刘健等,2007;Liu

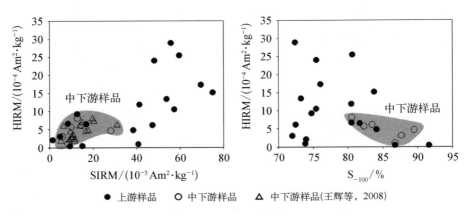

图 5-7　长江上游和中下游沉积物环境磁学特征区分

等，2010；Wang 等，2010）。众多学者先后提出了 SIRM 与 S_{-100}
（Zhang 等，2008）和 SIRM 和 SIRM/χ（Wang 等，2010）等环境磁学参数
判别组合来区分长江口和黄河口沉积物，及东部中国边缘海沉积物。但
前人调查主要集中在河口或边缘海地区，对于入海河流流域内部的研究
较少。因此，本书在前人工作的基础之上，将流域内部沉积物同河口沉
积物进行比较，同时考虑沙尘暴粉尘颗粒的环境磁学特征，探索环境磁
学方法区分河流沉积物和风成沉积物的可能性。

　　在图 5-8(a)中，长江沉积物分布范围最广，反映长江流域样品磁学
属性变化最大，长江口样品基本落在长江流域范围内。相比长江流域样
品，黄河流域水系沉积物样品变化范围较小，且 SIRM 和 S_{-100} 都比长
江沉积物要低。不同学者调查的长江口数据差别不大，但黄河口数据差
别明显，王永红等（2004）和 Wang 等（2009）的黄河口数据明显区别于本
书中的黄河数据，而 Zhang 等（2008）与牛军利等（2008）的黄河口数据与
本书中的黄河数据较接近。本书调查的北京沙尘暴粉尘样品，明显落在
长江口表层沉积物变化范围内。在图 5-8(b)中，长江沉积物的变化范
围依然最大。与图 5-8(a)类似，沙尘暴粉尘样品同样落在长江口沉积
物变化范围之内。因此，SIRM 和 S_{-100} 的磁学参数组合，对于区分长江

和黄河沉积物,指示效果更好。但两种参数组合在区分河流沉积物和沙尘暴粉尘的过程中,效果都不令人满意。

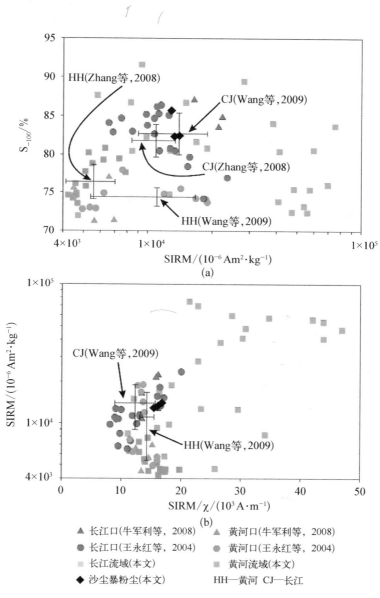

图 5‑8　不同环境下沉积物样品各磁学参数对比

鉴于本书沙尘暴粉尘样品数量有限,且缺少海区沉积物环境磁学数据,我们目前只能在区分风成沉积物和河流沉积物方面做一些探索性的尝试。虽然中国东部边缘海沉积物中的 Fe 主要是由河流(长江、黄河)输送。但众多研究表明,在开放的大洋,包括 Fe 在内的各种元素主要依靠粉尘的搬运进入大洋(Jickells 等,2005;Fan 等,2006;Han 等,2008;Uno 等,2009;Maher 等,2010)。粉尘中包括 Fe 在内的各种微量元素,对促进海洋表明浮游植物生产力的提高具有重要的作用(Martin,1990;Fan 等,2006)。因而,定量计算海洋沉积物中粉尘的贡献,对于研究海洋生产力的变化具有举足轻重的意义。虽然由于成岩作用的存在,粉尘颗粒在海水及沉积物过程中的地球化学行为还不明确,但粉尘中大量磁性颗粒的存在,环境磁学方法对定量识别粉尘具有独特的优势(Shen 等,2005;Xia 等,2007;Zheng 和 Zhang,2008)。随着对粉尘环境磁学特征研究的深入,环境磁学方法必将成为定量区分海洋沉积物中风成物质贡献的有效手段。

5.6 小　　结

长江流域干、支流沉积物的环境磁学属性主要反映了当地含铁矿物组成,受粒度影响较小。χ 和 SIRM 的分析结果显示,在长江上游,尤其是金沙江流域的攀枝花地区亚铁磁性矿物(主要是磁铁矿)含量较多,宜宾以下亚铁磁性矿物含量逐渐降低。$\chi_{fd}\%$ 在整个长江流域基本小于 5%,显示超顺磁颗粒较少。从上游至下游,$\chi_{fd}\%$ 逐渐升高,反映了整个流域内风化逐渐加强。S_{-100} 的结果显示上游较低,而中下游较高,说明亚铁磁性矿物在下游样品所占的比例更大。HIRM 结果显示,上游不完整反铁磁性矿物含量较高,而中下游较低。

　　南通样品的季节性变化显示不同磁学参数的季节性变化规律有所不同。SIRM 和 S_{-100} 表现的季节性差异与长江流域降雨的区域性特征较吻合,雨季时表现出较多上游沉积物特征,而枯季更多下游沉积物特征。相比整个流域 χ 和 $\chi_{fd}\%$ 的变化,南通季节性 χ 和 $\chi_{fd}\%$ 的波动很大,尤其是 $\chi_{fd}\%$ 的变化范围明显高于流域平均范围,推测与长江中下游地区成土作用较强、大量次生的超顺磁颗粒产生有关。

　　在此基础上,利用环境磁学组合可以有效区分不同环境端元下,例如河流水系沉积物、黄土、粉尘等的颗粒样品。

第 *6* 章

长江干、支流沉积物中赤铁矿和针铁矿的时空分布

前人利用漫反射光谱分析方法,有效地识别出了深海沉积物(Balsam 和 Damuth,2000;刘连文等,2005;Balsam 等,2007)、大气粉尘(Arimoto 等,2002;沈振兴等,2003;沈振兴等,2004;Shen 等,2006)、土壤(Scheinost 等,1998;Sellitto 等,2009;Zhou 等,2010)以及黄土(Ji 等,2002;Balsam 等,2004;Ji 等,2004;Balsam 等,2005;Ji 等,2006;Chen 等,2010)中的赤铁矿和针铁矿,并对赤铁矿和针铁矿的相对比例所反映的环境意义进行了深入研究。但该方法在河流沉积物研究方面应用还较少(茅昌平,2009)。本研究系统调查了长江流域干、支流沉积物和南通长江季节性悬浮物的漫反射光谱特征,初步讨论了长江沉积物中赤铁矿与针铁矿在流域空间和时间上的分布规律。同时选择黄河沉积物、黄土及粉尘样品作对比,探讨了不同环境下沉积物赤铁矿和针铁矿含量的分布特征。

6.1 长江沉积物的漫反射光谱分析结果

虽然漫反射光谱一阶导数特征峰对赤铁矿和针铁矿的含量具有敏

感的指示作用,但如何建立标准曲线定量描述漫反射光谱检测结果与矿物含量之间的关系,是制约该方法广泛应用的一个难题。常规方法通过将已知含量的人造矿物按一定比例混合,可以建立一套矿物含量与漫反射光谱强度的标准曲线。但自然样品中矿物构成复杂,很多矿物,例如黏土矿物中的伊利石和绿泥石,在 440 nm 处也有特征峰存在(Ji 等,2006),很容易与针铁矿在 435 nm 处的特征叠加,从而干扰正常的检测(Balsam 和 Damuth,2000),这种现象称为基体效应(Deaton 和 Balsam,1991)。为此,季俊峰等学者在黄土研究过程中,将选定的黄土和古土壤样品中的赤铁矿和针铁矿用柠檬酸盐-重碳酸盐-连二亚硫酸盐(CBD)方法除去,获得自然基体。然后,在该基体中加入不同含量的赤铁矿和针铁矿,制成标准样品,在自然基体下建立标准曲线,从而实现了定量计算样品中赤铁矿和针铁矿的含量(Ji 等,2002;季峻峰等,2007)。然而,目前长江沉积物自然基体的标准曲线还没有建立,无法定量计算长江沉积物漫反射光谱数据。因此,本书仅根据漫反射光谱一阶导数特征峰的高度,定性(半定量)讨论赤铁矿和针铁矿在长江沉积物中的分布规律。

在漫反射光谱一阶导数图谱中,赤铁矿仅在565~575 nm 处有特征峰,但针铁矿在 435 nm 和 535 nm 处有两个特征峰存在。对于选择不同的特征峰来反映针铁矿含量,不同学者有不同见解。Deaton 和 Balsam(1991)的研究显示,针铁矿主峰的峰高对针铁矿含量的响应更加敏感。但在赤铁矿存在的样品中,针铁矿 535 nm 的峰很容易被赤铁矿的特征峰掩盖,因此也有学者提出以 435 nm 处的次峰峰高来讨论针铁矿含量变化(沈振兴等,2004;Shen 等,2006)。

在本研究的调查中(图 6-1),长江沉积物赤铁矿一阶导数特征峰主要出现在 565 nm 处,个别支流样品特征峰出现在 555 nm 或者545 nm。受基体效应及赤铁矿一阶导数特征峰的影响,本书研究的长江样品针铁矿一阶导数特征峰并不明显,特征峰主峰的位置基本位于505 nm 处,个别样品出现在 495 nm 或 515 nm 处。针铁矿一阶导数特征峰次峰主要出现在 435 nm 处。为了全面和准确地讨论针铁矿的变化,本书对针铁矿主峰和次峰都进行了分析。

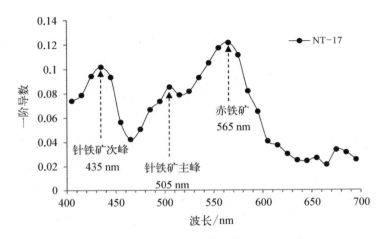

图 6-1 代表性(长江南通)悬浮物漫反射光谱一阶导数图

6.1.1 长江流域干流和支流沉积物的漫反射光谱特征

长江流域悬浮物和河漫滩沉积物漫反射一阶导数特征峰值见表6-1。长江悬浮物针铁矿一阶导数次峰平均峰高为 0.106,变异系数为17%;针铁矿一阶导数主峰平均峰高为 0.089,变异系数为 17%;赤铁矿一阶导数平均峰高为 0.128,变异系数为 10%。长江河漫滩沉积物针铁矿一阶导数次峰平均峰高为 0.093,变异系数为 26%;针铁矿一阶导数主峰峰高为 0.076,变异系数为 27%;赤铁矿一阶导数主峰平均峰高为0.105,变异系数为 34%。整体来看,悬浮物中针铁矿和赤铁矿的一阶导数主峰和次峰均略高于相应的河漫滩沉积物,但各峰高值差别并不大,且河漫滩沉积物样品中这些数据变化比较大。

表 6 - 1　长江沉积物漫反射光谱分析结果

样品	样品号	采　样　点	针铁矿次峰	针铁矿主峰（一阶导数峰高）	赤铁矿	Mz/Φ
悬浮物	04CJ1 - 1	金沙江·石鼓	0.110	0.096	0.127	3.5
	04CJ3 - 1	金沙江·攀枝花	0.112	0.095	0.120	5.0
	04CJ4	大渡河·乐山	0.076	0.064	0.114	3.9
	04CJ6 - 1	金沙江·宜宾	0.090	0.092	0.125	4.2
	04CJ9	长江·泸州	0.101	0.084	0.139	6.3
	04CJ11	长江·重庆	0.094	0.077	0.127	5.7
	04CJ12	长江·万州	0.096	0.078	0.157	7.8
	04CJ14	汉江·仙桃	0.137	0.118	0.127	—
	CJ - DT	长江·大通	0.130	0.106	0.118	7.5
	CJ - NT	长江·南通	0.110	0.085	0.120	7.3
		平均值	0.106	0.089	0.128	5.7
		标准偏差	0.018	0.015	0.012	1.6
		变异系数%	17	17	10	29
河漫滩沉积物	CJ3 - 3	金沙江·静安	0.092	0.082	0.148	3.8
	CJ4 - 1	雅砻江·攀枝花	0.068	0.056	0.073	5.3
	CJ5 - 3	金沙江·攀枝花	0.104	0.086	0.134	5.3
	CJ7 - 4	大渡河·乐山	0.058	0.045	0.045	3.3
	CJ9 - 3	长江·宜宾	0.070	0.052	0.049	3.7
	CJ11	岷江·宜宾	0.073	0.047	0.050	3.3
	CJ13 - 2	长江·泸州	0.077	0.067	0.131	3.7
	CJ14 - 1	沱江·泸州	0.093	0.077	0.137	7.2
	CJ16 - 1	涪江·合川	0.120	0.092	0.099	3.2
	CJ17 - 1	嘉陵江·合川	0.084	0.075	0.115	3.8
	CJ20 - 1	乌江·涪陵	0.141	0.111	0.104	7.6
	YJ1 - 1	沅江·常德	0.128	0.108	0.131	7.3

样品	样品号	采　样　点	针铁矿次峰	针铁矿主峰（一阶导数峰高）	赤铁矿	Mz/Φ
河漫滩沉积物	CJ26-1	长江·大通	0.104	0.082	0.117	7.9
	CJ4-CM	长江·崇明岛	0.097	0.087	0.131	5.3
		平均值	0.093	0.076	0.105	5.0
		标准偏差	0.024	0.021	0.036	1.8
		变异系数	26	27	34	35
上游样品	—	平均值	0.092	0.077	0.111	
	—	变异系数	22%	24%	31%	
中下游样品	—	平均值	0.118	0.097	0.124	
	—	变异系数	14%	15%	5%	

　　赤铁矿和针铁矿一阶导数峰高与平均粒径的关系见图 6-2。无论在长江悬浮物还是在河漫滩沉积物样品中,它们的相关性都比较低。考虑到悬浮物与沉积物样品一阶导数特征峰峰高差别也较小,本书在讨论长江干、支流样品流域内部变化过程中,将不考虑样品性质,统一称为长江沉积物。

　　赤铁矿和针铁矿一阶导数峰高与反映化学风化强弱的指数 CIA 的关系见图 6-3。结果显示,二者之间也没有明显相关性。

　　针铁矿一阶导数次峰峰高值普遍高于针铁矿一阶导数主峰的峰高值。二者相关性分析显示(图 6-4(a)),主峰峰高和次峰峰高有较显著的相关性,相关性系数高达 0.90。相比之下,悬浮物针铁矿一阶导数主峰高与赤铁矿一阶导数峰高之间没有明显相关性,河漫滩样品针铁矿一阶导数主峰高与赤铁矿一阶导数峰高有较弱的相关性(图 6-4(b))。

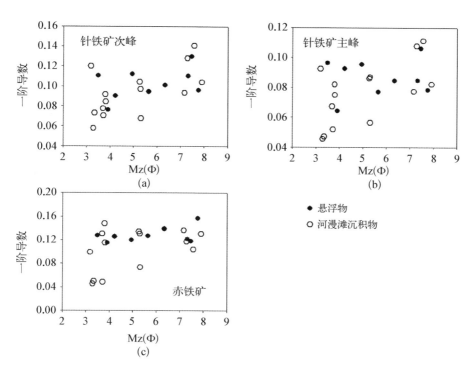

图 6 - 2　长江沉积物赤铁矿和针铁矿一阶导数特征峰与平均粒径的关系

长江沉积物赤铁矿和针铁矿一阶导数特征峰峰高在流域内的分布见图 6 - 5。

干流沉积物赤铁矿一阶导数特征峰在流域内波动不大,尤其是在中下游地区。干样流域最大值出现在万州长江沉积物中,最小值出现在宜宾长江样品中。其中宜宾长江干流样品和邻近的泸州干流样品差别很大,自泸州以下,长江沉积物一阶导数特征峰没有太大变化。相比干流沉积物,支流沉积物样品赤铁矿一阶导数特征峰波动较大,尤其是大渡河、岷江和雅砻江样品,明显低于流域样品平均值。

长江干流样品针铁矿一阶导数特征峰主峰在流域内也没有太大波动,最大值出现在大通长江样品,最小值出现在宜宾长江样品。与赤铁矿的变化类似,支流样品中针铁矿一阶导数特征峰主峰也有较大波动,

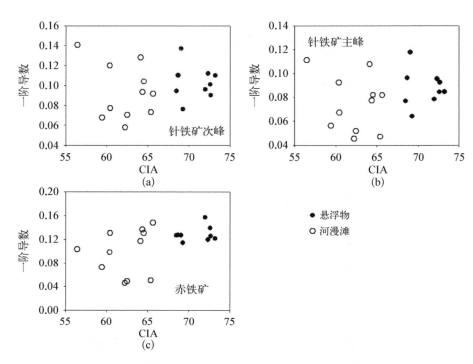

图 6-3 长江沉积物赤铁矿和针铁矿一阶导数特征峰与 CIA 的关系

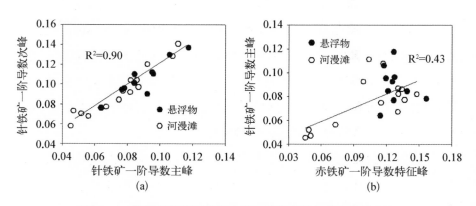

图 6-4 长江沉积物漫反射光谱一阶导数特征峰之间的关系

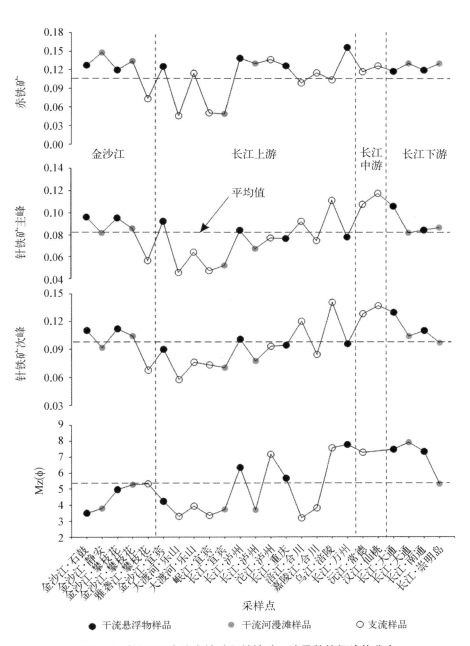

图 6‑5　长江干、支流赤铁矿和针铁矿一阶导数特征峰值分布

最低值同样出现在大渡河、岷江和雅砻江样品中。但与赤铁矿一阶导数分布略有不同的是中下游支流样品的针铁矿一阶导数峰略高于中下游干流样品。针铁矿一阶导数次峰的变化与主峰变化类似(相关性系数 $R^2 = 0.9$)。

尽管长江干流在上游和中下游差别并不明显,但从长江干支流整体上考虑,上游沉积物赤铁矿和针铁矿含量还是较中下游略低(表 6-1)。

6.1.2 南通干流季节性悬浮物的漫反射光谱特征

南通季节性悬浮物样品漫反射光谱分析结果见表 6-2。其中,赤铁矿一阶导数特征峰高在洪季的平均值为 0.125,变异系数为 6%;枯季平均值为 0.118,变异系数为 5%,枯季和洪季平均值及变异系数都没有明显差别。针铁矿一阶导数特征峰主峰在洪季的平均值为 0.083,变异系数为 7%;枯季平均值为 0.085,变异系数为 5%,枯季和洪季同样没有明显差别。针铁矿一阶导数特征峰次峰在洪季的平均值为 0.108,变异系数为 8%;枯季平均值为 0.112,变异系数为 5%。

表 6-2 南通季节性悬浮颗粒物赤铁矿和针铁矿分布

样 品 名	采 样 日 期	针铁矿次峰	针铁矿主峰 (一阶导数峰高)	赤铁矿	Mz/Φ
CJ-NT-02	2008-4-10	0.109	0.085	0.111	7.2
CJ-NT-03	2008-4-18	0.117	0.092	0.120	7.8
CJ-NT-04	2008-4-24	0.108	0.084	0.110	7.4
CJ-NT-05	2008-4-29	0.108	0.089	0.120	7.3
CJ-NT-06	2008-5-9	0.111	0.084	0.113	7.4
CJ-NT-07	2008-5-15	0.120	0.090	0.122	7.7
CJ-NT-08	2008-5-21	0.122	0.087	0.118	7.8
CJ-NT-09	2008-5-27	0.114	0.092	0.122	7.3

续 表

样 品 名	采 样 日 期	针铁矿次峰	针铁矿主峰（一阶导数峰高）	赤铁矿	Mz/Φ
CJ - NT - 10	2008 - 6 - 6	0.109	0.086	0.118	7.1
CJ - NT - 11	2008 - 6 - 15	0.126	0.094	0.126	7.7
CJ - NT - 12	2008 - 6 - 20	0.108	0.085	0.116	7.0
CJ - NT - 13	2008 - 6 - 27	0.116	0.089	0.125	7.6
CJ - NT - 14	2008 - 7 - 4	0.114	0.090	0.124	7.5
CJ - NT - 15	2008 - 7 - 11	0.114	0.090	0.126	7.7
CJ - NT - 16	2008 - 7 - 18	0.104	0.086	0.120	7.0
CJ - NT - 17	2008 - 7 - 24	0.102	0.085	0.122	7.4
CJ - NT - 18	2008 - 8 - 2	0.096	0.073	0.114	7.1
CJ - NT - 19	2008 - 8 - 8	0.091	0.076	0.116	7.1
CJ - NT - 20	2008 - 8 - 14	0.108	0.080	0.133	7.7
CJ - NT - 21	2008 - 8 - 22	0.094	0.077	0.122	6.9
CJ - NT - 22	2008 - 8 - 29	0.099	0.076	0.139	7.4
CJ - NT - 23	2008 - 9 - 6	0.103	0.075	0.147	7.6
CJ - NT - 24	2008 - 9 - 11	0.104	0.078	0.124	7.6
CJ - NT - 25	2008 - 9 - 19	0.106	0.078	0.128	7.1
CJ - NT - 26	2008 - 9 - 26	0.104	0.080	0.133	7.5
CJ - NT - 27	2008 - 10 - 4	0.107	0.084	0.128	7.3
CJ - NT - 28	2008 - 10 - 11	0.100	0.078	0.131	7.5
CJ - NT - 29	2008 - 10 - 18	0.114	0.086	0.126	7.3
CJ - NT - 30	2008 - 10 - 25	0.113	0.085	0.126	7.6
CJ - NT - 31	2008 - 11 - 1	0.116	0.086	0.125	7.4
CJ - NT - 32	2008 - 11 - 8	0.125	0.088	0.128	8.0
CJ - NT - 33	2008 - 11 - 15	0.108	0.086	0.122	7.3
CJ - NT - 34	2008 - 11 - 22	0.122	0.091	0.127	7.5

续　表

样 品 名	采样日期	针铁矿次峰	针铁矿主峰 (一阶导数峰高)	赤铁矿	Mz/ Φ
CJ - NT - 35	2008 - 11 - 29	0.113	0.085	0.115	6.9
CJ - NT - 36	2008 - 12 - 6	0.118	0.090	0.128	7.4
CJ - NT - 37	2008 - 12 - 14	0.118	0.090	0.121	7.2
CJ - NT - 38	2008 - 12 - 20	0.114	0.088	0.122	7.6
CJ - NT - 39	2008 - 12 - 27	0.104	0.080	0.116	7.2
CJ - NT - 42	2009 - 1 - 15	0.108	0.078	0.114	7.4
CJ - NT - 43	2009 - 1 - 20	0.110	0.079	0.114	7.5
CJ - NT - 44	2009 - 2 - 4	0.109	0.083	0.113	7.3
CJ - NT - 45	2009 - 2 - 10	0.104	0.080	0.111	6.9
CJ - NT - 48	2009 - 3 - 8	0.118	0.086	0.113	7.5
CJ - NT - 49	2009 - 3 - 15	0.105	0.083	0.108	7.1
CJ - NT - 50	2009 - 3 - 22	0.113	0.090	0.112	7.3
CJ - NT - 51	2009 - 4 - 3	0.117	0.089	0.120	7.7
洪季	平均值	0.108	0.083	0.125	7.4
	变异系数	8%	7%	6%	4%
枯季	平均值	0.112	0.086	0.118	7.4
	变异系数	5%	5%	5%	4%

　　南通干流季节性样品漫反射光谱赤铁矿和针铁矿一阶导数特征峰与平均粒径的关系见图 6 - 6。各特征峰峰高与平均粒径没有明显相关性。针铁矿次峰与平均粒径的相关性最高,相关系数也仅有 0.33。无论是洪季还是枯季,样品的一阶导数峰高与平均粒径之间的相关性均相似。

　　南通季节性样品漫反射光谱赤铁矿和针铁矿一阶导数特征峰与CIA 的关系见图 6 - 7。

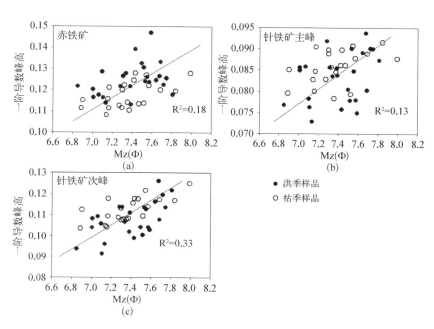

图 6-6　南通干流季节性样品漫反射光谱数据与平均粒径的关系

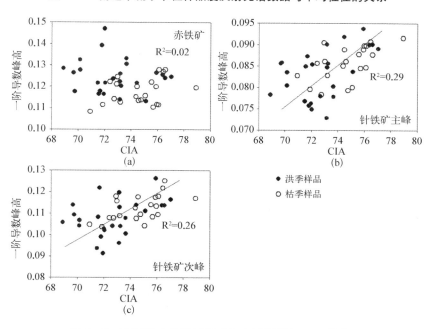

图 6-7　南通季节性样品漫反射光谱数据与 CIA 的关系

洪季样品和枯季样品各一阶导数特征峰峰高与 CIA 均没有明显相关性,针铁矿一阶导数特征峰高与 CIA 的相关性($R^2=0.29$)比赤铁矿一阶导数特征峰与 CIA 的相关性略高($R^2=0.02$)。

南通季节性样品漫反射光谱赤铁矿和针铁矿一阶导数特征峰之间的关系见图 6-8。南通样品针铁矿一阶导数次峰峰高值,普遍高于针铁矿一阶导数主峰的峰高值。二者相关性分析(图 6-8(a))显示主峰峰高和次峰峰高相关系数为 0.67,低于长江干、支流样品针铁矿主峰与次峰的相关性(0.90)。而针铁矿一阶导数主峰峰高与赤铁矿一阶导数特征峰高之间没有明显相关性(图 6-8(b))。

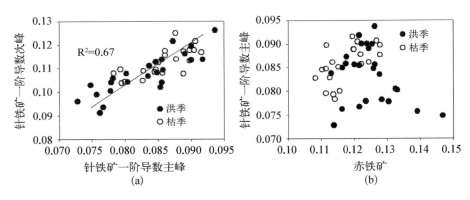

图 6-8　南通季节性样品漫反射光谱一阶导数特征峰之间的关系

南通样品漫反射光谱一阶导数峰高的季节性变化见图 6-9。结果显示,5 月—8 月,赤铁矿一阶导数特征峰有逐渐增加的趋势,在 8 月底 9 月初上升显著。9 月之后逐渐下降,一直持续到次年 3 月份。针铁矿一阶导数特征峰主峰的变化有所不同,4 月—7 月中旬,针铁矿主峰虽然波动但比较稳定。8 月初突然降至全年最低值,之后逐渐上升,一直持续到 12 月底。其中,8 月—10 月,针铁矿主峰峰高明显低于全年平均值。1 月份又有明显下降,之后继续上升至次年 4 月。针铁矿一阶导数特征峰次峰的变化情况与主峰变化规律基本一致。

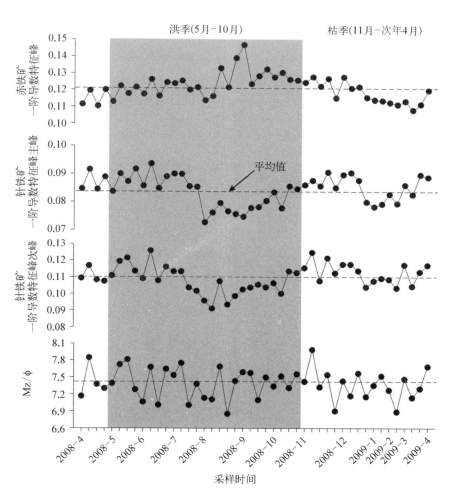

图 6-9　南通干流样品漫反射光谱一阶导数峰高的季节性变化

6.2　长江干、支流沉积物赤铁矿和针铁矿变化特征的原因

　　Deaton 和 Balsam(1991)研究结果表明样品中赤铁矿和针铁矿的含量,与漫反射光谱一阶导数特征峰的高度和峰的位置密切相关。在人工

合成样品或基体较简单的样品中,赤铁矿一阶导数特征峰一般出现在565 nm 或 575 nm 处。针铁矿一阶导数特征峰主峰出现在 535 nm 处,次峰出现在 435 nm 处。当矿物含量高的时候,相应峰的位置会向长波方向移动(Deaton 和 Balsam,1991;Balsam 和 Damuth,2000;Ji 等,2002)。本书研究的长江沉积物样品中赤铁矿一阶导数特征峰主要集中在 565 nm 处(图 6-1),与前人长江沉积物调查结果相一致(茅昌平,2009)。

相比赤铁矿,针铁矿漫反射光谱更容易受到干扰,情况较为复杂。本研究结果显示,针铁矿一阶导数特征峰主峰普遍位于 505 nm,次峰位于 435 nm。其中针铁矿次峰位置与前人结果类似,但主峰位置与前人报道(Deaton 和 Balsam,1991)的在 535 nm 处有较大差别。在茅昌平(2009)在对南京长江悬浮物的报道中,针铁矿主峰也出现在 505 nm 处。长江沉积物针铁矿一阶导数特征峰位置与前人报道数据有如此大的差别,推测有以下 2 个原因:① 长江沉积物针铁矿含量太低。一般认为,随着矿物含量的增加,特征峰会向长波方向移动。本研究结果显示,针铁矿特征峰主峰位置显著偏向短波方向,暗示样品中针铁矿含量较低。② 强烈的基体效应。长江沉积物矿物组成复杂(王中波等,2006;Yang 等,2009),对含铁元素且经常有矿物元素的替换和交代作用发生(杨守业等,2000a;王中波等,2007)。使得长江沉积物的基体效应比其他样品更为复杂。前人研究结果普遍显示针铁矿一阶导数特征峰主峰要高于次峰,但在本研究和茅昌平(2009)数据都显示,长江样品针铁矿一阶导数次峰要高于主峰。推测原因主要是由于长江沉积物中黏土矿物普遍存在且含量较高。茅昌平(2009)系统采集长江流域冬季和夏季不同位置的长江悬浮物样品,发现夏季悬浮物黏土矿物含量为 30%～60%,冬季悬浮物黏土矿物含量为 18%～77%,而且长江黏土矿物以伊利石为主,因此本研究结果显示长江沉积物样品一阶导数图上 435 nm 处的特征峰异常显著(图 6-1)。

赤铁矿和针铁矿的含量与平均粒径相关性不高(图 6-2),暗示了粒度可能不是控制赤铁矿和针铁矿含量的主要因素。赤铁矿和针铁矿含量与 CIA 也没有明显相关性(图 6-3)。CIA 主要反映了硅酸盐矿物的风化程度,赤铁矿含量与 CIA 没有明显相关性,暗示了赤铁矿可能不仅由硅酸盐风化形成的,还包括其他含铁矿物的风化,例如磁铁矿。

长江干、支流沉积物样品中针铁矿一阶导数特征峰主峰和次峰的峰高相关性系数高达 0.90(图 6-4(a)),表明主峰和次峰变化基本一致,在指示的针铁矿含量变化过程中效果基本相同。赤铁矿一阶导数特征峰高与针铁矿一阶导数特征峰主峰没有明显关系(图 6-4(b)),表明长江沉积物中赤铁矿和针铁矿含量并不相关,暗示了两种矿物的来源不同。

根据一阶导数峰高度的变化情况得知,赤铁矿含量在整个长江干流样品(含金沙江样品)中变化不大,一阶导数峰特征峰平均值为 0.126±0.025,变异系数只有 20%(图 6-5)。相比干流,不同支流样品的赤铁矿含量差异较大,所有支流样品一阶导数峰特征峰平均值为 0.098±0.032,变异系数为 32%。其中,中下游支流样品赤铁矿含量与干流含量相近,而上游支流,例如雅砻江、大渡河和岷江样品赤铁矿含量较低。由于宜宾长江采样点位于岷江汇入长江入口处,受岷江的影响,宜宾干流长江样品赤铁矿含量也较低。

与赤铁矿类似,长江干流沉积物针铁矿变化也较小,针铁矿一阶导数特征峰主峰平均值为 0.083±0.013,变异系数只有 16%。支流样品针铁矿平均含量为 0.079±0.027,低于干流样品,但变异系数为 34%,明显高于干流样品。针铁矿一阶导数次峰的变化与主峰类似。上游的雅砻江、岷江和大渡河样品针铁矿含量明显低于附近长江干流,而中下游支流的针铁矿含量则高于上游支流,以及邻近的干流。

　　无论是赤铁矿还是针铁矿,总的来说,在长江支流的变化大于干流,河漫滩样品大于悬浮物样品,推测这与河流样品混合性问题有关。由于长江干流强烈混合导致的平均化作用,干流样品中,无论是赤铁矿还是针铁矿,在流域上游和中下游地区没有太大差异;而长江支流样品,由于受局部流域地质条件和源岩类型等影响更明显,在含铁矿物组成差异上也较为突出。而河漫滩样品赤铁矿和针铁矿变化比悬浮物样品要大,则更直接说明了样品混合性对两种矿物的影响。

　　赤铁矿是广泛地分布在各种岩石当中的副矿物,它以细分散粒状出现在许多火成岩中,在特殊的情况下,在区域变质岩中形成巨大的块体;针铁矿形成于氧化条件下,是含低价铁矿物风化的典型产物。上游地区支流例如雅砻江、大渡河、岷江等主要流经花岗岩、基性岩和超基性岩地区(长江流域岩石类型图,1998),而且水流速度快,河道落差大,剥蚀速率高,含铁矿物主要以硅酸盐形式赋存,风化形成的赤铁矿和针铁矿较少。王中波等(2006)和何梦颖(2011)的研究都显示,岷江、大渡河和雅砻江的赤-褐铁矿含量明显低于干流和其他支流;而乌江和沅江,流域盆地内以松散沉积岩为主,同时这些地区主要发育黄壤或黄棕壤(长江流域岩石类型图,1998)。在高温多雨的环境下,富铝化作用和氧化铁的水化作用使成土过程中难移动的铁、铝在土壤中相对增多;土壤终年处于相对湿度大的环境中,土体中大量氧化铁发生水化作用而形成针铁矿(黄昌勇,2000;陈怀满,2005)。

6.3　长江沉积物中赤铁矿与针铁矿随时间分布特征的原因

　　由一阶导数特征峰高的变化可知,南通悬浮物中赤铁矿和针铁矿含量季节性波动明显(图 6-9)。洪季期间,尤其是 4 月—8 月,赤铁矿含量逐渐升高,8 月底—9 月初达到最大,之后缓慢降低。而针铁矿的变化刚好相反,8 月和 9 月含量最低,另外 1 月和 2 月也有明显降低过程。

赤铁矿和针铁矿与 CIA 的关系比较(图 6-4,图 6-8)显示针铁矿含量的变化与 CIA 的相关性更高一些。由本书第 3 章讨论可知,长江流域的 CIA 虽然受岩性、气候等多种因素的控制,但对降雨的影响更加敏感。针铁矿的变化与 CIA 更相关,也反映了针铁矿对降雨的变化更加敏感。相比之下,赤铁矿的变化则对气温的变化响应更加灵敏。赤铁矿和针铁矿是土壤和沉积物中常见的含铁矿物,其在土壤中的分布和含量与成土气候环境密切相关(Schwertmann,1971;陈怀满,2005)。针铁矿通常是从水溶液中直接沉淀形成,潮湿环境有利于其发育(Cornell 和 Schwertmann,1996),因此,针铁矿广泛地分布于从寒带至热带地区的各类土壤中;而赤铁矿的形成涉及脱水反应,干旱环境(蒸发量大于降雨量)有利于赤铁矿的形成,因此,赤铁矿则主要分布在热带和亚热带地区,氧化条件较强的土壤中(Kmpf 和 Schwertmann,1983;黄昌勇,2000)。在土壤中,这两个形成过程是相互竞争的,温度和湿度控制着赤铁矿和针铁矿的形成速度。

整体上看,长江中下游赤铁矿和针铁矿的含量比上游略高。由本书前几章讨论可知,长江流域降雨的不均匀导致的物源改变,对下游南通沉积物组成有着明显的控制。南通悬浮物中针铁矿含量的季节性波动,尤其是 8 月和 9 月的含量明显低于全年平均水平,表现出了明显的上游沉积物特征。这一结论也与前面的讨论相吻合。但赤铁矿的变化刚好相反,在洪水期,尤其是 8 月—9 月反而高于全年平均水平,表现出下游沉积物特征。这与针铁矿变化规律反映的沉积物来源是不一致的。推测赤铁矿与针铁矿变化的不同步与长江流域土壤发育特征和赤铁矿本身的矿物属性有关。

长江以南的低山丘陵区,包括江西、湖南两省的大部分地区主要分布红壤,其中赤铁矿含量特别高(史德明,1983;李庆逵,1983;史志华等,2001)。8 月和 9 月正值长江下游地区高温少雨季节,蒸发量大于降雨量,利于下游地区大面积的红壤中针铁矿向赤铁矿的转化。随着降雨冲刷,部分土壤颗粒被带到长江中,所以南通长江干流悬浮物在 8 月—9月表现为赤铁矿含量的显著升高和针铁矿含量的降低。另外,由图6-4 可知,长江流域沉积物针铁矿一阶导数特征峰主峰与次峰的相关性高达 0.90,而南通季节性样品中针铁矿一阶导数特征峰主峰与次峰的相关性只有 0.67,也暗示了南通季节性样品针铁矿可能有其他来源,而不完全是长江上游或中游输入的。

6.4　长江、黄河沉积物及黄土赤铁矿与针铁矿的比较

　　为了更好地说明长江沉积物赤铁矿、针铁矿的组成特征,本书选择了典型长江下游干流、支流沉积物(南通长江—CJ-NT-17;岷江 CJ-11;乌江 CJ20-1),黄河悬浮物(山东垦利)和黄土(邙山)样品的漫反射一阶导数图谱进行对比(图 6-10),结果显示,长江干流(南通)和支流(岷江、乌江)样品一阶导数图谱有很大的差别。南通长江干流样品赤铁矿特征峰明显,出现在 565 nm 处;针铁矿主峰出现在 505 nm 处,次峰出现在 435 nm 处,次峰高于主峰。岷江样品赤铁矿和针铁矿特征峰峰型非常不明显,几乎无法识别赤铁矿特征峰和针铁矿特征峰主峰。针铁矿次峰相比其他样品明显较低,且出峰位置在 425 nm 处。乌江样品的赤铁矿特征峰也不明显,而且出峰位置偏向短波方向,约在 535 nm 处。针铁矿主峰出现在 505 nm 处,次峰出现在 435 nm 处,次峰明显高于其他样品针铁矿次峰。长江干流、支流一阶导数图谱的差异,反映了干流、支

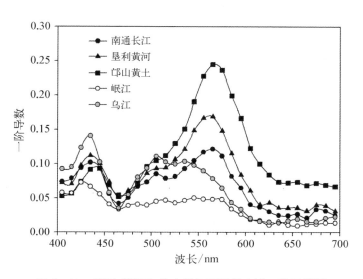

图 6‐10　长江、黄河和黄土样品漫反射光谱一阶导数图

流赤铁矿和针铁矿组成的不同。由峰的位置和高度可知,岷江样品赤铁矿和针铁矿含量最低。乌江样品赤铁矿的含量比南通干流样品要低,但针铁矿含量高于南通干流样品。

黄河样品来自下游山东垦利,更具代表性。相比长江干流下游悬浮物样品(南通),黄河样品赤铁矿和针铁矿特征峰的位置是一样的,但赤铁矿特征峰明显高于长江样品,针铁矿特征峰高近似,反映了黄河沉积物赤铁矿含量高于长江沉积物,针铁矿含量差别不大。黄土(邙山)样品赤铁矿、针铁矿特征峰与长江黄河样品基本一致,但赤铁矿特征峰比黄河样品更高,反映了赤铁矿在黄土中更加富集。

由于各种样品针铁矿特征峰差别不大,本书选择赤铁矿一阶导数特征峰高和针铁矿一阶导数特征峰次峰绘制二元图解,进一步讨论不同样品赤铁矿和针铁矿的含量特征(图 6‐11)。结果显示,长江沉积物赤铁矿和针铁矿变化范围较大,雅砻江、岷江和大渡河显示出极低的赤铁矿和针铁矿含量。与长江沉积物相比,黄河沉积物的赤铁矿含量普遍较

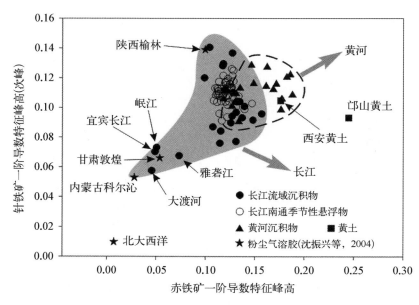

图 6-11　不同样品赤铁矿和针铁矿组成特征

高。黄土样品,尤其是西安黄土,显示出极高的赤铁矿含量。粉尘气溶胶样品针铁矿含量差别很大(沈振兴等,2004),陕西榆林样品针铁矿一阶导数特征峰次峰高达 0.14,而甘肃敦煌和内蒙古科尔沁样品只有0.06左右。北大西洋样品显示出异常低的赤铁矿和针铁矿含量特征。总体来看,不同环境下的样品,赤铁矿和针铁矿组成有较大的差别。

一般认为,湿润的环境有利于针铁矿的形成,而干燥温暖的环境更利于赤铁矿的形成(Schwertmann, 1971, 1988;Cornell 和 Schwertmann,2003;Balsam 等,2004)。因此,这两种矿物含量的多少反映了不同的环境信息。地处中国西部的黄土高原地区,气候干燥(Liu, 1985),黄土中普遍存在磁铁矿的低温氧化作用(LTO),使大量磁铁矿氧化成赤铁矿(Liu 等,2004a;Chen 等,2010),因而黄土样品中赤铁矿含量显著。黄河流经黄土高原地区,强烈的水土流失使黄土成为黄河沉积物的主要来源(Ren 和 Shi, 1986)。因而黄河沉积物在矿物组成上与黄土十分相似

（林晓彤等，2003），也表现出较高的赤铁矿含量。通过赤铁矿一阶导数特征峰高和针铁矿一阶导数特征峰次峰绘制二元图解，不同环境样品显示出赤铁矿和针铁矿组成差异，说明了应用漫反射光谱研究沉积物赤铁矿和针铁矿组成，具有重要的源区指示意义（沈振兴等，2004；Balsam等，2007）。

6.5 小 结

本章根据漫反射光谱一阶导数特征峰高来推测长江沉积物赤铁矿和针铁矿的含量。结果表明，在长江流域内，干流样品赤铁矿含量变化不大，上游支流如雅砻江、大渡河、岷江等赤铁矿含量较低。干流样品针铁矿也没有明显差别，支流样品表现出较大差异，上游支流针铁矿含量较低，中下游支流针铁矿含量较高。

季节性样品分析结果显示赤铁矿在8月和9月含量最高，针铁矿的变化刚好相反。产生这种变化的原因一方面与沉积物来源变化有关，另一方面，也与下游土壤类型有关。长江中下游南部低山丘陵地区主要发育富含赤铁矿的红壤，8月和9月气温高，降雨少，利于针铁矿向赤铁矿的转化。

长江、黄河、黄土及粉尘漫反射光谱数据对比发现，不同环境下样品赤铁矿和针铁矿含量差别具有物源指示意义，为今后物源示踪研究提供了新的思路。

第7章

长江沉积物的 Fe 循环与源汇过程

7.1 不同参数指示的长江沉积物中的 Fe 循环特征

在前面三个章节中(第 4 章—第 6 章),依次从化学、磁学、漫反射光谱学三个方面探讨了长江沉积物中 Fe 相态的时间和空间分布特征。虽然讨论的参数不同,但根本上反映的都是含铁矿物的组成和变化规律。本章中,将综合各种研究方法,探讨不同方法之间对含铁矿物反映的相似性和差异。

受样品量和分析条件的限制,并非所有样品都进行了上述各项实验分析,因此,本章仅选取参数分析最为全面的部分样品进行讨论。

7.1.1 与赤铁矿、针铁矿相关的各参数的相关性比较

从前面几章的介绍可以得知,高活性的 Fe_{HR} 被认为是容易与可溶硫化物反应的 Fe 组分,主要包含赤铁矿、针铁矿、四方纤铁矿、水铁矿等 Fe 的氧化物(Poulton 和 Raiswell,2002;Poulton 和 Canfield,2005)。环境磁学分析中的 HIRM 主要反映的是沉积物样品中高矫顽力含铁矿

物的变化,例如赤铁矿及针铁矿。S_{-100} 则主要反映了亚铁磁性矿物(例如磁铁矿)与不完整反铁矿物(例如赤铁矿和针铁矿)的比例。而漫反射光谱则是直接对赤铁矿和针铁矿的检测。因此,理论上,这些参数的变化应该存在某种联系。

长江沉积物表征赤铁矿和针铁矿的各参数在流域内的分布见图 7-1,不同参数之间还是有明显差异。其中,Fe_{HR} 和 S_{-100} 整体上表现出上游低、中下游较高的趋势。而 HIRM、赤铁矿和针铁矿的变化没有明显规律。以上参数在南通季节性样品中的分布见图 7-2。整体上,

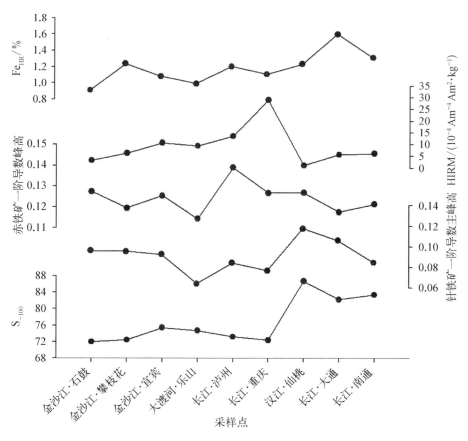

图 7-1　长江流域沉积物中与赤铁矿和针铁矿相关各参数的分布

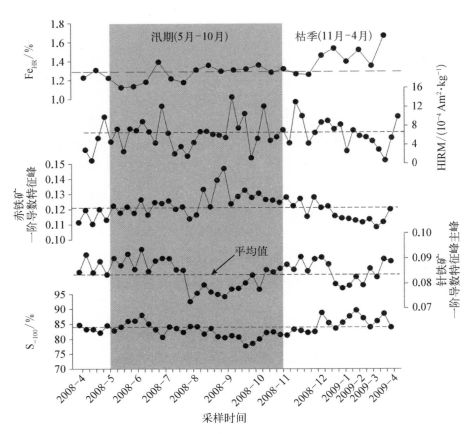

图 7－2　南通沉积物中与赤铁矿和针铁矿相关各参数的季节性分布

洪季 Fe_{HR} 有逐渐升高的趋势，S_{-100} 有逐渐降低的趋势，而其他参数虽然在洪季都有相应的变化，但变化发生的时间并不同步。枯季 Fe_{HR} 和 S_{-100} 都表现出逐渐上升的趋势，而 HIRM 和赤铁矿一阶导数特征峰有逐渐下降的趋势。

　　各参数之间相关性分析结果显示（图 7－3），对长江干、支流样品，S_{-100} 与 Fe_{HR}，针铁矿一阶导数主峰与 Fe_{HR} 有较弱的正相关性；S_{-100} 与 HIRM、针铁矿一阶导数主峰与 HIRM 有较弱的负相关性，其他参数之间没有明显关系。而对南通悬浮物样品，几乎所有参数之间都没有相关性。

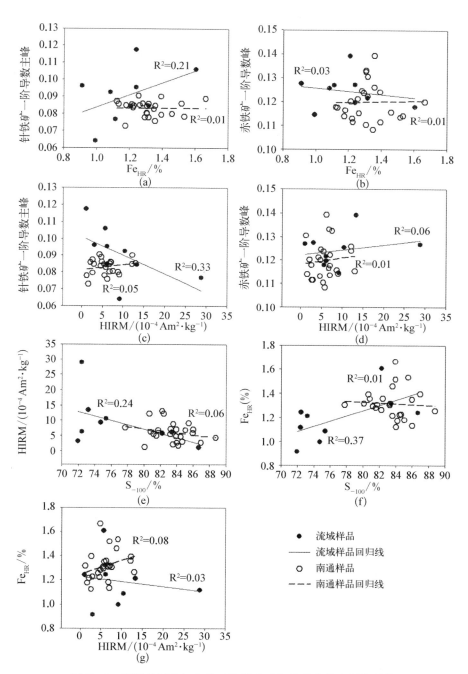

图 7-3　长江悬浮物与赤铁矿和针铁矿相关的参数之间相关性

Fe_{HR} 是通过化学萃取方法得到的，HIRM 是通过环境磁学的物理方法获得。虽然分析方法不同，但是反映的都是赤铁矿与针铁矿总量的多少。长江干、支流样品相关性分析结果显示针铁矿一阶导数主峰与 Fe_{HR} 和 HIRM 的相关性分别为 0.21 和 0.33；相对应地，赤铁矿一阶导数峰与 Fe_{HR} 和 HIRM 的相关性分别为 0.03 和 0.06，明显低于针铁矿。可能暗示了样品中针铁矿的含量更高，对两种矿物总和起到了决定作用。虽然相关系数略高，但指示针铁矿含量一阶导数主峰与 HIRM 呈负的相关性，这与二者理论上的关系相悖。

相比 Fe_{HR} 和 HIRM，S_{-100} 主要表征了亚铁磁性矿物（例如磁铁矿）与不完整反铁矿物（例如赤铁矿和针铁矿）的比例，当不完整反铁矿物（例如赤铁矿和针铁矿）含量越高，S_{-100} 便越低。由 HIRM 与 S_{-100} 的关系上看，HIRM 与 S_{-100} 的确存在较弱的负相关性；但 Fe_{HR} 与 S_{-100} 的关系，却表现出了相反的规律，Fe_{HR} 越高，S_{-100} 的比例反而越高。另外，Fe_{HR} 与 HIRM 之间也没有明显相关性（$R^2 = 0.03$），这也与理论预期差别较大。

对于南通季节性悬浮物样品，表征赤铁矿和针铁矿的各参数间都没有明显相关性。推测可能是南通样品粒度差别不大，而且代表的是整个流域风化剥蚀物质的混合物，混合平均性比较高，因此参数的波动范围只有 4%，差异较小。所以各参数之间的关系没有干支流样品明显。

7.1.2 与磁铁矿相关的各参数之间的相关性

在不同相态 Fe 的化学分析中，一般认为弱活性的 Fe_{PR} 代表了磁铁矿和含 Fe 的碳酸盐矿物，例如菱铁矿。环境磁学分析参数中，χ 和 SIRM 也主要反映了亚铁磁性矿物含量（主要是磁铁矿）的多少。

长江流域 Fe_{PR}、χ、SIRM 和 S_{-100} 在长江流域的分布见图 7-4，其中 Fe_{PR}、χ 和 SIRM 的变化趋势相当吻合。整体表现为 Fe_{PR}、χ 和

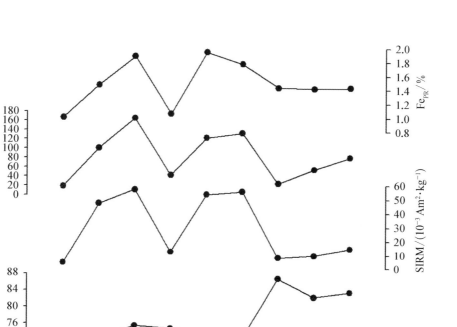

图 7 - 4 长江流域与磁铁矿相关各参数的分布

SIRM 在长江上游含量较高,中下游较低,而金沙江上游的石鼓和大渡河支流样品明显低于其他样品。而 S_{-100} 的变化趋势与以上三个参数变化有明显不同。

Fe_{PR}、χ、SIRM 和 S_{-100} 在南通悬浮物中的变化见图 7 - 5。与空间分布规律类似,南通样品中 Fe_{PR}、χ、SIRM 的变化也表现出明显的一致性。2008 年 5 月—9 月末或 10 月初,Fe_{PR}、χ、SIRM 逐渐升高并相继达到最大;10 月—次年 4 月,以上三个参数逐渐回落。S_{-100} 表现出截然相反的变化趋势;5 月—9 月中旬逐渐降低;10 月—次年 4 月逐渐升高。

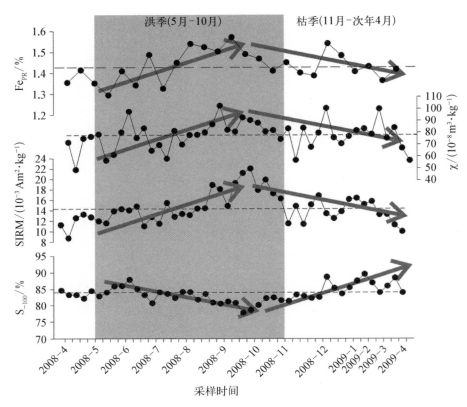

图 7 - 5　南通沉积物中与赤铁矿和针铁矿相关各参数的季节性分布

图 7 - 6 所示的相关性分析显示,对长江干、支流样品,Fe_{PR} 与 χ 和 SIRM 存在较高的相关性,相关系数分别为 0.75 和 0.71,而 S_{-100} 与 Fe_{PR} 和 SIRM 没有显示明显相关性。对南通悬浮物样品来说,S_{-100} 与 Fe_{PR} 和 SIRM 之间存在弱的负相关性。

由长江干、支流 Fe_{PR}、χ 和 SIRM 的相关性可知,Fe_{PR}、χ 和 SIRM 有着明显类似的变化规律,说明这些参数在指示磁铁矿含量多少上较为一致。但反映磁铁矿与赤铁矿、针铁矿比例的 S_{-100},并没有表现出随 Fe_{PR}、χ 和 SIRM 增大而增大的趋势,而且 S_{-100} 与 SIRM 还显示出负的相关性。对于南通悬浮物样品,Fe_{PR} 与 χ 和 SIRM 的相关性并不明显,

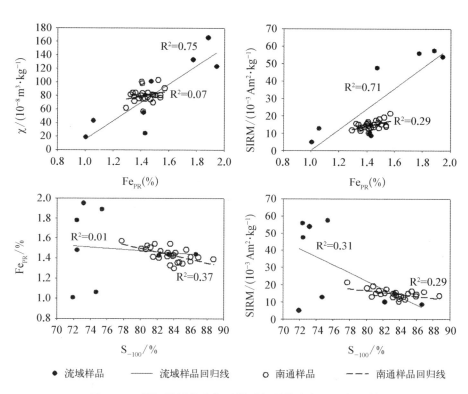

图 7-6　长江悬浮物中与磁铁矿相关的参数之间相关性

相比之下,S_{-100} 与 Fe_{PR} 和 SIRM 的相关性略高,但表现为负相关。

7.1.3　不同参数对长江沉积物中含 Fe 矿物从源到汇的反映

由以上分析发现,虽然测试的原理有所不同,但不同方法对含铁矿物的指示上还是有很多共同之处。例如化学相态分析过程中的 Fe_{PR},环境磁学分析中的参数 χ 和 SIRM,都主要反映了长江沉积物中磁铁矿的多少,所以彼此之间有较明显的相关性。

但是,并非所有参数都有相似的变化规律,各分析方法之间对于相同的矿物描述的差异仍然存在,例如 Fe_{HR} 和 HIRM。虽然两个参数都主要反映了赤铁矿和针铁矿的变化,但不同操作方法针对矿物提取或含量的反映又有差别。

Fe_{HR} 是在 pH 值为 4.8 的条件下用冰醋酸-柠檬酸钠作缓冲试剂的连二亚硫酸钠萃取 2 h 得到的。Poulton 和 Canfield(2005)使用不同试剂萃取已知含量的人工合成含铁矿物,发现除赤铁矿和针铁矿之外,水铁矿、纤铁矿、四方纤铁矿等都可以在连二亚硫酸钠溶液中完全溶解。因此,所谓高活性 Fe 组分 Fe_{HR},只是一种化学操作定义,所包含的铁矿物种类并不十分明确。尤其是对于自然界的真实样品,无论是矿物组成还是形态,远比人工合成矿物要复杂,导致长江沉积物 Fe_{HR} 中包含的含铁矿物很难严格定义和区分。

一般认为,HIRM 主要反映了矫顽力较高的含铁矿物,主要是赤铁矿和针铁矿(Robinson,1986;Thompson 和 Oldfield,1986)。但 Liu 等(2002)的研究发现,当样品中亚铁磁性过强的时候,HIRM 对高矫顽力组分反映会产生较大误差。因为 HIRM 在使用过程中的一个重要假设就是赤铁矿和针铁矿的饱和场强在 300 mT 之上(Dankers,1981),所以,磁铁矿或磁赤铁矿在计算 HIRM 时的影响才可以忽略。除此之外,Liu 等(2007)还发现,当 Al 替换赤铁矿或针铁矿中的 Fe 时,也会极大的改变 HIRM 和 S-ratio。因此,在以 HIRM 和 S_{-100} 指示赤铁矿和针铁矿含量时,一定要谨慎。为了准确地指示赤铁矿和针铁矿的含量,Liu 等(2007)提出了一种新的环境磁学指标——L-ratio,可以有效避免 HIRM 和 S_{-100} 在使用过程中的不确定性。

除此之外,漫反射光谱分析结果所表征的赤铁矿和针铁矿的变化趋势,也与 Fe_{HR} 和 HIRM 存在较大出入,甚至是相反的规律。

综合以上分析,我们认为,各种不同分析方法指示的含铁矿物组成,既有相似性,也存在较大差异。不管是化学相态分析、环境磁学分析方法,还是漫反射光谱方法,对含铁矿物组成的研究主要还是基于实验室环境下对人工合成矿物的实验所得到的认识。然而,自然环境下,天然样品中的各含铁矿物组成和形态远比人工合成样品要复杂,各种假象、伴生和替换时常发生。导致在实验室环境下对人工合成样品得到的规律,应用在自然样品中时,经常出现差异甚至相悖的结论(White 和 Brantley,2003;Liu 等,2007)。另一方面,这也是地质学研究过程中复杂性和多解性的表现。因此,在长江沉积物 Fe 循环机制和从源到汇研究过程中,方法的选择至关重要。长江流域幅员辽阔,地质条件复杂,含铁矿物源岩类型多样,来源广布整个流域;另外,流域气候环境有较大差异,再加上人类活动的影响,导致长江流域表生环境中 Fe 循环相当复杂。为了揭示长江沉积物中 Fe 的组成和分布规律,有必要选择多种研究方法,相互印证比较,才能得到较为准确的结论。

在国际河流沉积 Fe 循环研究中,主要集中在全球尺度(Poulton,1998;Poulton 和 Raiswell,2000;Poulton 和 Raiswell,2002;Poulton 和 Raiswell,2005;Raiswell,2006;Raiswell 等,2006;Moore 和 Braucher,2008),对个别河流研究并不深入,如 Poulton 和 Raiswell(2002)只报道了一个长江沉积物的 Fe 化学相态数据。茅昌平(2009)虽然对南京长江干流悬浮 Fe 化学相态季节性变化进行了调查,但并没有对长江流域内部 Fe 的化学相态进行调查。而环境磁学的研究也主要局限在长江中下游或河口地区。漫反射光谱学目前在黄土研究中应用广泛,但对于河流沉积物研究几乎未见报道。总的来说,前人研究没有针对某个流域开展深入和系统的分析,因而难以揭示出流域内复杂的 Fe 循环过程。本研究显示,对长江这样的世界大河而言,由于其流域地质、地理、水文泥沙和气候环境等复杂性,表生环境中 Fe 循环机制及河流沉积物中 Fe 的从源到汇过程也是非常复杂的,远非简单地运用某个分析方法就可以刻画的,需要从学科交叉研究角度,应用多种分析手段来深化研究。

7.2 根据^{234}U/^{238}U 计算长江 沉积物的搬运时间

虽然本书从不同研究方法入手,讨论了长江沉积物中的 Fe 在不同流域的分布特征和入海的季节性变化规律。然而,沉积物从源到汇的过程是一个动态的过程,仅仅了解源—汇过程中的某一个时间断面,是远远不够的。在东亚边缘海以往开展的工作中,广大学者的研究主要集中在沉积物的来源和在边缘海的堆积问题,而对沉积物从源到汇过程,尤其是沉积物从源区搬运到最后沉积的时间研究报道较少。为了更深入地揭示长江沉积物中 Fe 循环过程,深化入海沉积物的源—汇过程研究,本书尝试运用 U 系同位素方法来估算长江入海沉积物的搬运时间。

长久以来,沉积物从源到汇过程的时间尺度问题一直没有很好地解决(DePaolo 等,2006)。最近几年,随着 U 系同位素研究的深入,众多研究表明,沉积物中 U 系同位素比值(^{234}U/^{238}U)可以用来计算沉积物的搬运时间(Olley 等,1997;DePaolo 等,2006;Dosseto 等,2006c;Granet等,2007;Dosseto 等,2008)。

7.2.1 U 系同位素计算沉积物搬运时间的原理

利用 U 系同位素计算沉积物搬运时间的主要依据是^{238}U 通过 α 衰变产生^{234}Th 过程中^{234}Th 的损失(Kigoshi,1971;Fleischer,1982)。^{234}Th 可以通过 β 衰变产生一个^{234}Pa,进一步变化产生一个^{234}U(图7-7)。通常情况下,岩石中的^{234}U/^{238}U 保持一种长期平衡比例。现有报道数据显示,大部分新鲜火山岩中该平衡比例为 1.000±0.005(Sims 等,1999)。在各种地质条件作用下,尤其是地表风化作用,当岩

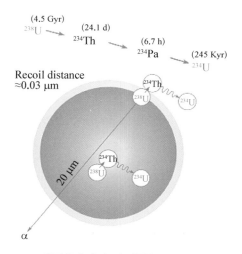

图 7 - 7　U 系同位素衰变系列图(DePaolo et al.，2006)

石颗粒小到一定程度后,岩石颗粒中^{238}U 便可以弹射出一个 α 粒子而衰变成^{234}Th。新生成的^{234}Th 又迅速发生 β 衰变等一系列变化,最终生成^{234}U。从而破坏了最初岩石颗粒中^{234}U 和^{238}U 的比例(DePaolo 等,2006)。而发生一系列改变的过程仅仅与各步变化中相应同位素的半衰期有关,因而样品中^{234}U/^{238}U 比值可以成为可靠的地质计时器。此计时器从岩石颗粒足够小开始被触发,一直到被检测,整个时间称为"粉碎时间"(Comminution Time);沉积物搬运到海区停止运动而埋藏堆积的时间,称为"沉积时间"(Depositional Time);两个时间之差,就被定义为"搬运时间"(Transport Time)。DePaolo 等(2006)在对西北太平洋沉积物研究中提出了以上定义。但很显然,上述定义中,沉积物在河流流域内停留的时间,例如在湖泊、水库或河漫滩的停留,也被计算在搬运时间中。

7.2.2　长江沉积物和冲绳海槽钻孔沉积物 U 系同位素的比值分析结果

本书利用 MC - ICP - MS 检测了 2 个长江悬浮颗粒物和 24 个冲绳

海槽钻孔沉积物的 ^{234}U/^{238}U 比值，并根据 DePaolo 等（2006）的计算方法得到了沉积的搬运时间，计算公式如下：

$$t_{com} = -\frac{1}{\lambda_{234}}\ln\left[\frac{A_{meas}-(1-f_\alpha)}{A_0-(1-f_\alpha)}\right] \qquad (7-1)$$

式中，t_{com} 为粉碎时间；λ_{234} 为 ^{234}U 的衰变常数；A_{meas} 为检测的样品中放射性活度比（Activity Ratio）；A_0 为母岩初始的放射性活度比；f_α 为分馏速率（Fractional Loss Rate）。其中，A_{meas}、A_0 和 f_α 的计算公式分别为

$$A_{meas} = \left(\frac{^{234}U}{^{238}U}\right)_{meas} \qquad (7-2)$$

$$A_0 = \left(\frac{^{234}U}{^{238}U}\right)_0 \qquad (7-3)$$

$$f_\alpha = \frac{1}{4}L \cdot S \cdot \rho_s \qquad (7-4)$$

式中，L 为粒子的弹射距离（Recoil Distance）；S 为颗粒比表面；ρ_s 为密度。在实际计算中，母岩中初始的 ^{234}U/^{238}U（即 A_0）可近似认为是 1。分馏速率 f_α 可简化为颗粒粒径的函数，具体数值根据 DePaolo 等（2006）的经验公式得出，冲绳海槽钻孔沉积物和长江悬浮物样品的 f_α 分别取 0.12 和 0.30。各项分析结果及搬运时间的计算见表 7-1。

表 7-1 冲绳海槽 DGKS9604 孔及现代长江沉积物的搬运时间估算

样品来源	深度/cm	沉积年龄[1]/（cal ka）	δ^{234}U	^{234}U/^{238}U	Mz/μm	粉碎时间/kyr	搬运时间/kyr
冲绳海槽钻孔 DGKS9604	3～4	0.111	27.85‰	1.028 2	12.3	-74	-74
	25～26	1.092	-11.97‰	0.987 4	11.5	37	36
	37～38	1.626	4.29‰	1.004 0	11.5	-12	-14
	84～85	4.084	16.55‰	1.015 8	11.4	-46	-50

续　表

样品来源	深度/cm	沉积年龄[1]/(cal ka)	δ^{234}U	^{234}U/^{238}U	Mz/μm	粉碎时间/kyr	搬运时间/kyr
冲绳海槽钻孔 DGKS9604	96～97	4.619	40.18‰	1.0410	11.3	−102	−107
	140～142	7.107	−12.07‰	0.9873	12.6	38	30
	148～150	7.630	−26.51‰	0.9730	14.8	88	81
	156～158	8.153	−21.11‰	0.9793	13.1	69	60
	164～166	8.677	−12.81‰	0.9870	13.0	40	31
	188～190	10.246	10.97‰	1.0108	14.5	−31	−41
	204～206	11.293	−38.40‰	0.9625	14.0	137	125
	212～214	11.816	−57.61‰	0.9420	13.5	232	220
	236～238	12.966	−40.06‰	0.9601	13.6	144	131
	256～258	13.749	−57.51‰	0.9424	13.3	231	217
	260～262	13.906	−54.78‰	0.9441	13.9	216	202
	308～310	15.786	−78.26‰	0.9212	11.4	374	358
	336～338	17.066	−60.06‰	0.9397	10.5	246	229
	364～366	18.529	−81.07‰	0.9190	10.0	399	380
	396～398	20.202	−82.63‰	0.9181	11.3	413	393
	428～430	21.681	−76.76‰	0.9242	12.2	362	340
	460～462	22.582	−82.50‰	0.9185	11.9	412	389
	484～486	23.257	−71.91‰	0.9283	10.5	324	301
	589～591	26.213	−77.71‰	0.9222	12.7	369	343
	629～631	27.339	−75.74‰	0.9230	13.2	353	326
现代长江悬浮物	样品名	采样点					
	09CJ-CQ-1	重庆长江	−21.24‰	0.9792	4.98		26
	CJ-NT-22	南通长江	−59.39‰	0.9407	5.78		78

注：[1] 沉积物年龄数据来自(余华，2006)

7.2.3 现代长江悬浮物的搬运时间

在表 7-1 中，重庆长江悬浮物和南通长江悬浮物的搬运时间分别为 26 kyr 和 78 kyr。与以往报道数据相比（表 7-2），长江沉积物搬运时间，在世界主要河流搬运时间变化范围内。表 7-2 中所谓的沉积物"停留时间"，既包含沉积物颗粒在流域内如风化剖面、河漫滩、湖泊内的停留时间，也包括颗粒在河流中运动的时间。表 7-2 的结果显示各河流颗粒物停留时间从 1 kyr 到 500 kyr 不等，停留时间最短的是冰岛河流。对于沉积物停留时间较短的河流，主要来自火成岩为主（冰岛地区河流）和构造活动较多的地区（安第斯山脉地区）；而沉积物停留时间较长的河流，主要是地形起伏较低（lower relief）地区的河流，例如德干高原地区和亚马逊盆地（Dosseto et al.，2008）。

表 7-2 根据 U 同位素计算的世界各河流沉积物停留时间

河　　流	沉积物停留时间/kyr	数 据 来 源
Amazon River	6±1	(Dosseto 等,2006a)
Amazon lowland rivers (Rio Negro, Rio Trombetas and Rio Uatumā)	100～500	(Dosseto 等,2006a)
Amazon highland rivers (Rio Solimões, Rio Beni)	3±0.3～4±1	(Dosseto 等,2006a; Dosseto 等,2006b)
Narmada and Tapti Rivers (Deccan traps, India)	54～84	(Vigier 等,2005)
Mackenzie River (Canada)	25±8	(Vigier 等,2001)
Icelandic rivers	0.98～6.3	(Vigier 等,2006)
Ganges tributaries (bedload)	30～350	(Granet 等,2007)
长江	26、78	本书

长江流域地形和岩性变化较复杂，上游地区河流落差较大，河道曲

折,岩性以碳酸盐岩为主,同时又有各种基性岩和超基性岩;中下游地区落差小,河道平缓,岩性以第四纪松散沉积物为主。尤其是下游地区湖泊众多,河漫滩发育广泛,沉积物颗粒极有可能在水动力条件较弱的条件下沉积在湖泊或河漫滩。随着下一次水动力环境的改变,例如洪水事件、河道调整或是河床下切,沉积物重新被带走,进行新的搬运过程。复杂的流域岩性、气候环境、河道地形和局部构造活动性等都增加了悬浮颗粒物在长江的搬运过程的不确定性。

重庆地区长江干流悬浮物的沉积物停留时间为 26 kyr,短于下游近河口地区的停留时间(约 78 kyr),这也反映长江悬浮物从源到汇过程的复杂性。重庆地区采样点(09CJ‐CQ‐1)的海拔约 170 m,而其上游石鼓地区采样点平均海拔 1 800 m,地形落差极大,既有横断山区,也有四川盆地,沉积物来源众多。重庆地区干流悬浮物停留时间为 26 kyr,可能代表了重庆之上的上游流域内风化剥蚀沉积物的平均滞留时间。

而下游南通地区离河口直线距离只有约 150 km,基本上代表了长江入海悬浮颗粒物的平均组成。从重庆到南通地区的流域面积超过80 万 km²,除了三峡地区以外,长江中下游地区基本上位于我国大陆第二阶梯状地形区域,河道海拔不足 100 m。而且中下游地区湖泊、盆地众多,如江汉盆地、洞庭湖、鄱阳湖、巢湖、太湖盆地,河漫滩广泛发育。因此,上游风化剥蚀物质在穿过三峡后,很容易堆积在这些低海拔的盆地、湖泊与河漫滩中,经历漫长的时间(约 78 kyr),数次沉积旋回,才被搬运至河口地区。

7.2.4　冲绳海槽 DGKS9604 钻孔沉积物的搬运时间

冲绳海槽 DGKS9604 钻孔沉积物的搬运时间估算见表 7‐1。从表中可以发现,部分样品搬运时间计算结果为负值,例如 3~4 cm,38~37 cm 等,这一结果显然不合常理。究其原因是测试结果中的 $^{234}U/^{238}U$

大于 1 而导致的。

一般认为，河流水体的 $^{234}U/^{238}U$ 大于 1，因为 ^{234}U 更容易溶解到水体中（Andersson 等，1995；Chabaux 等，2001；Vigier 等，2001；DePaolo 等，2006）。而大多数情况下河流悬浮颗粒物的 $^{234}U/^{238}U$ 小于 1（Dosseto 等，2006a；Dosseto 等，2006b；Dosseto 等，2006c；Vigier 等，2006）。但是，在地势较低的亚马逊河（Dosseto 等，2006a）、恒河和 Brahmaputra 河（Sarin 和 Krishnaswami，1990），流经德干高原的河流，冰岛地区河流，有机质含量较高的河流及东部英格兰河流悬浮颗粒物中，都发现了 $^{234}U/^{238}U$ 大于 1 的情况。（Dosseto 等，2008）认为，风化造成的是河流颗粒物中 ^{234}U 亏损（depletion）较弱，通常 $^{234}U/^{238}U$ 只有 0.9 左右。而当颗粒物吸附水体中的 U 时，很容易导致颗粒物 $^{234}U/^{238}U$ 检测结果大于 1。

在本研究结果中，冲绳海槽钻孔沉积物 $^{234}U/^{238}U$ 大于 1 的情况主要发生在钻孔上端。怀疑与钻孔顶部有机质含量高有关，有机质数据显示钻孔顶部 $^{234}U/^{238}U$ 大于 1 的异常样品 TOC 含量也确实比其他样品含量要高（图 7-8）。另外，海洋沉积物中 $^{234}U/^{238}U$ 比值的异常，还有可能与沉积物中自生黄铁矿吸附海水中 ^{234}U 有关。沉积物样品中黄铁矿的含量一般可用 S 的含量来指代，但图 7-8 的结果显示 $^{234}U/^{238}U$ 比值异常的样品 S 的含量并不高。所以，样品中 $^{234}U/^{238}U$ 比值的异常推测主要是样品中有机质吸附海水中的 ^{234}U 造成的。

尽管 DKGS9604 个别样品中 $^{234}U/^{238}U$ 存在异常，导致搬运时间计算出现负值，但大多数样品的分析结果仍然具有指示意义。对于取自冲绳海槽西侧的钻孔 DGKS9604，记录了末次冰期晚期以来西太平洋边缘海的气候演化过程。前人对该孔的研究发现（余华，2006；Dou 等，2010a，b；窦衍光，2010），28 kyr 以来，该钻孔的沉积物来源发生了明显的变化。尽管各种参数（Sr/Nd、REE、黏土矿物等）指示的物源变化幅

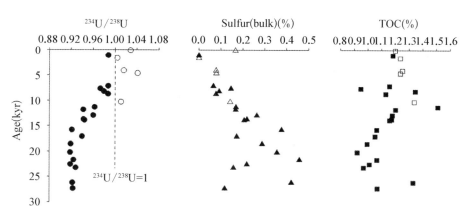

图 7 - 8　DGKS 钻孔中 $^{234}U/^{238}U$、总 S 和有机碳含量分布

度和起止时间略有不同,但大体上可以分成三个时期:① Unit 3—末次冰期晚期(28.0～14 kyr);② Unit 2—末次冰期晚期至中全新世(14.0～8.4 kyr);③ Unit 1—早-中全新世以来(8.4～0 kyr)(图 7 - 9)。

　　其中,在末次冰期晚期(28.0～14 kyr),海平面较低,海岸线向大洋方向推进,冲绳海槽里古河口较近,推测钻孔 DGKS9604 处以古长江输入为主。末次冰期晚期—中全新世(14.0～8.4 kyr),气温开始逐渐升高,海平面逐渐上升,海岸线后退。钻孔 DGKS9604 离河口越来越远。另一方面,新的海陆环境下,黑潮逐渐偏移到钻孔上方,将部分台湾来源的物质带到钻孔处。所以,这一时期 DGKS9604 受台湾来源和中国东部大陆来源的双重影响。早-中全新世以来海陆基本形成今天的格局,冲绳海槽远离大陆,黑潮的影响越发明显,对海槽内沉积物输运与沉积起重要影响(Dou 等,2010b;窦衍光,2010)。

　　本书根据 U 系同位素计算的搬运时间,较好地支持了前人对 DGKS9604 孔物源演化的推断(图 7 - 10)。在第三纪时期,DGKS9604 钻孔沉积主要以中国东部大陆输入为主,所以搬运时间较长(200～400 kyr)。第二纪时期,海平面逐渐上升,这一时期钻孔处沉积物既有中国东部大陆来源,同时又有黑潮带来的台湾物质逐渐增多,沉积物搬

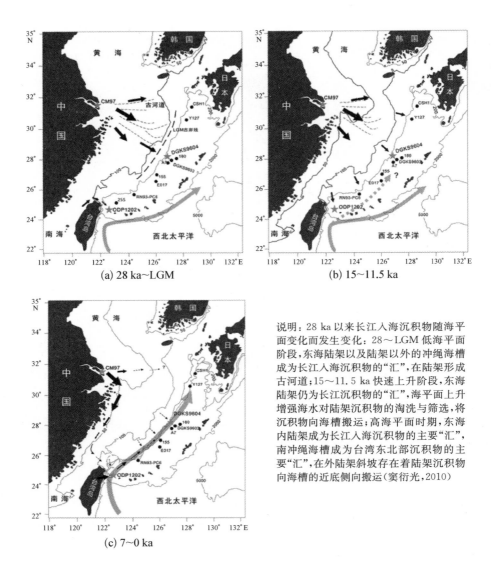

(a) 28 ka~LGM

(b) 15~11.5 ka

(c) 7~0 ka

说明：28 ka 以来长江入海沉积物随海平面变化而发生变化：28～LGM 低海平面阶段，东海陆架以及陆架以外的冲绳海槽成为长江入海沉积物的"汇"，在陆架形成古河道；15～11.5 ka 快速上升阶段，东海陆架仍为长江沉积物的"汇"，海平面上升增强海水对陆架沉积物的淘洗与筛选，将沉积物向海槽搬运；高海平面时期，东海内陆架成为长江入海沉积物的主要"汇"，南冲绳海槽成为台湾东北部沉积物的主要"汇"，在外陆架斜坡存在着陆架沉积物向海槽的近底侧向搬运（窦衍光，2010）

图 7－9　28 kyr 以来冲绳海槽中部和南部沉积物源汇过程（窦衍光，2010）

运时间逐渐缩短（30～200 kyr）。Unit 1 时期，也就是 8 kyr 以来，钻孔处以黑潮携带物质供应为主，搬运时间较短（小于 100 kyr）。

考虑到上一节中现代长江沉积物的搬运时间，冲绳海槽钻孔古长江来源（第三纪时期）沉积物的搬运时间（0～350 kyr）远大于现代长江

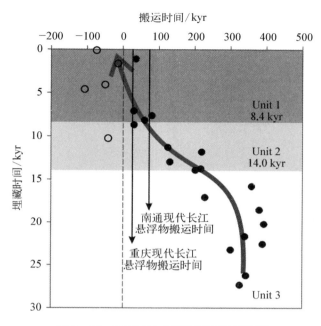

图 7 - 10 DGKS9604 钻孔搬运时间计算

沉积物搬运时间(小于 50 kyr)。笔者推测这种差异与冰期和现代长江的气候环境变化导致的水动力条件改变有关。冰期气候寒冷,江源地区冰雪融水供应较少;同时,冰期陆地寒冷干燥,降雨较少。在以上两种因素共同影响下,长江径流量可能远低于现代长江,水动力环境较弱。从而导致河水对风化剖面的侵蚀能力降低,无法将风化颗粒带走,另一方面被带走的泥沙可能无法长距离搬运,而堆积在河道底部或古湖泊中。与此同时,冰期海平面较低,海岸线向海洋方向延伸(图7-10),变相地延长了河道的长度,增加了长江颗粒物的搬运距离和难度。而且,冰期时风尘颗粒增加,这部分风尘沉积物经历的沉积和搬运过程更加复杂,搬运时间可能更长。但目前以上分析还仅限于一种可能性的推测,缺乏证据支持,期待更加深入的工作对这一现象给予解释。

7.2.5　U系同位素比值计算沉积物搬运时间方法存在的问题

应该说,本研究对沉积物搬运年龄的估算,还带有很大的不确定性和推测性。首先,"搬运时间"的定义就存在很大争议,严格意义上说,"搬运时间"并不等同于"运动时间",而是由"运动时间"和"停留时间"两部分组成。所谓"停留时间",既包括沉积物颗粒在风化层停留的时间,也包括沉积物随河流搬运开始后,在河漫滩或湖泊中的停留时间,对海洋沉积物甚至还有可能包括在大陆架上的停留时间。但是,在实际应用中,很难区分沉积物搬运过程的具体细节,因而也很难区别在不同环境下的停留时间。只有当沉积物颗粒源区及河流沿岸地形较为简单时,才有可能计算真正的河流搬运时间(Dosseto 等,2006b)。

除了定义上的不确定,该计算方法在理论上也存在较多限制条件。首先,$^{234}U/^{238}U$ 比值发生变化的起始时刻,也就是同位素计时器触发点,并没有明确的地质学意义。而是从颗粒物 U 系同位素不平衡发生的时刻开始(沉积物颗粒足够小),以此时刻定义风化发生的开始,显然有些牵强。沉积物搬运过程中,颗粒大小不断发生改变,导致与沉积物颗粒大小有关的分馏速率——f_α 也是不确定的。因此,该方法在实际应用过程中,还有很多问题值得探讨。

沉积物从源到汇的搬运时间问题是沉积物源-汇过程研究中非常重要,但又难以定量计算的问题。尽管以 U 系同位素比值计算沉积物搬运时间仍存在很多疑问,但不可否认,该方法的提出,还是为我们探索沉积物搬运时间提供了开创性的思路。本书虽然无法明确回答长江沉积物搬运时间计算过程中的细节性问题,但至少为长江沉积物搬运时间的计算提供了初步的探索和尝试,同时也丰富了全球河流沉积物搬运时间的原始资料。

传统海洋沉积物研究过程中,沉积物年龄测定一般都以沉积年龄为主,而忽略沉积物的搬运时间。对于埋藏时间古老的深海沉积物,这种假设或许是合理的。但本研究对 DGKS9604 钻孔的分析结果显示近海沉积物的搬运时间有可能远大于沉积物在海洋的埋藏时间。这对传统海洋沉积学,尤其是边缘海沉积学研究是一个极大的挑战。在本研究范围内,很难对该问题做深入的讨论。但笔者认为,在今后海洋沉积学研究中,尤其是在边缘海环境演化的研究中,沉积物年龄模式的建立一定要慎重。对于构造相对稳定的大河流域,由于水系复杂、盆地众多,流域内风化剥蚀的沉积物很难直接输运到最终的沉积盆地,如三角洲或边缘海;这意味着这些风化剥蚀物质要经历过多个沉积旋回以后,才能抵达最终的归宿和沉积汇。因此,我们在三角洲与边缘海钻孔中虽然可以开展高分辨率的取样分析,但考虑到这些沉积物在流域内的停留时间可能远远超过它们的沉积时间,对于一些古环境替代指标的解释就必须慎重。如前面探讨的 CIA 其实反映的是一个大陆流域内累积的化学风化历史,而不能够反映短时间尺度的化学风化程度与气候变化。

7.3　小　　结

本章对比了前几章长江沉积物 Fe 循环过程研究中所采用的不同参数,发现各参数之间既有相似性,例如 Fe_{PR}、χ 和 SIRM,又有差异存在,例如 Fe_{HR} 和 HIRM 等。因而在 Fe 的从源到汇的研究中,方法的选择至关重要。在今后研究中,多种参数之间相互验证非常必要。

除此之外,本书还根据长江沉积物和冲绳海槽钻孔沉积物 U 系同位素比值,计算了河流和海洋沉积物搬运时间。其中长江重庆和南通悬浮物搬运时间计算结果分别为 26 kyr 和 78 kyr,在已有报道的河流沉积物搬运时间范围内。冲绳海槽钻孔 DGKS9604 的搬运时间与前人物源研究吻合较好,验证了之前对该钻孔物质来源的推断。对比二者发现,沉积物在河流中的停留时间并不比沉积物在近海的堆积埋藏时间短,因而在今后边缘海从源到汇研究中,沉积物在河流中的停留过程也不容忽视。

第8章

主要结论及展望

8.1 主要结论

本书选择长江水系主要干支流悬浮颗粒物和河漫滩沉积物,借鉴从源到汇的研究思路,从化学相态、环境磁学、漫反射光谱学三个角度,系统论述了沉积物 Fe 在长江流域的循环过程。最后,综合比较了三种分析方法在反映含铁矿物上的异同,并探索性地用 U 系同位素比值 $^{234}U/^{238}U$ 计算了长江沉积物和冲绳海槽沉积物的搬运时间,得到的主要结论如下:

(1) 在不同气候类型,尤其是降雨分布不均的影响下,长江上游地区风化较弱,CIA 较低;而下游地区风化较强,CIA 较高。南通连续一年的悬浮物 CIA 表现出明显的季节性特征,雨季时,尤其是 7 月、8 月、9 月三个月较低,而 10 月—次年 4 月较高。

(2) 长江上游,尤其是金沙江流域颗粒物质中的 Fe 主要以 Fe_U 的形式存在,表现为高 Fe_U/Fe_T;而中下游悬浮物中主要富集 Fe_{HR} 组分,表现为 Fe_{HR}/Fe_T 较高。南通季节性样品也表现出了明显差异。雨季样品 Fe_U/Fe_T 含量较高,而枯季较富集 Fe_{HR}/Fe_T。在此基础上,提出了使用不同化学相态 Fe 的参数组合来指示长江入海沉积物来源。同时,根据上游和中下游样品 Fe_{HR} 含量的差异,结合大通和宜昌水文站输沙量资料,尝试定量计算 2008 年 4 月—2009 年 4 月,长江上游和中下游对入海泥沙的贡献量。结果表明,在三峡建成蓄水开始后入海泥沙来源发生了改变,入海泥沙以下游供应为主,在上述时间段内,中下游供应泥沙约占入海泥沙的 2/3。

(3) 磁学参数 χ 和 SIRM 的分析结果显示,在长江上游,尤其是金沙江流域的攀枝花地区,亚铁磁性矿物(主要是磁铁矿)含量较多,宜宾以下,亚铁磁性矿物含量逐渐降低。$χ_{fd}$% 在整个长江流域基本小于5%,显示超顺磁颗粒较少。从上游至下游,$χ_{fd}$% 逐渐升高,反映了整个流域内风化逐渐加强。S_{-100} 的结果显示上游较低,而中下游较高,说明亚铁磁性矿物在下游样品所占的比例更大。HIRM 结果显示上游不完整反铁磁性矿物含量较高,而中下游较低。不同磁学参数的季节性变化规律有所不同。SIRM 和 S_{-100} 表现的季节性差异与长江流域降雨的区域性特征较吻合,雨季时,表现出较多上游沉积物特征,而枯季时,更多地表现出下游沉积物特征。相比整个流域 χ 和 $χ_{fd}$% 的变化,南通季节性 χ 和 $χ_{fd}$% 的波动很大,尤其是 $χ_{fd}$% 的变化范围明显高于流域平均范围,推测与长江中下游地区成土作用较强、大量次生的超顺磁颗粒产生有关。

(4) 由漫反射光谱一阶导数特征峰推测的赤铁矿和针铁矿的含量显示,长江流域干流样品赤铁矿含量变化不大,上游支流如雅砻江、大渡河、岷江等赤铁矿含量较低。干流样品针铁矿也没有明显差别,支流样品表现出较大差异。但整体上,上游支流赤铁矿、针铁矿含量较低,中下游支流赤铁矿、针铁矿含量略高。季节性样品分析结果显示,赤铁矿在8月份和9月份含量最高,针铁矿的变化刚好相反。

(5) 根据 U 系同位素 $^{234}U/^{238}U$ 比值,计算了长江沉积物和冲绳海槽钻孔沉积物的搬运时间。其中,重庆和南通长江悬浮物搬运时间计算结果分别为 26 kyr 和 78 kyr。冲绳海槽钻孔 DGKS9604 的搬运时间与前人对该钻孔 28 kyr 以来沉积物物源研究的结论吻合较好,验证了之前对该钻孔物质来源变化的推断。

(6)通过多学科不同参数对长江沉积物 Fe 的变化特征进行了多角度的分析。尽管分析参数不同,但根本上反映的还是含铁矿物的变化。本研究结果显示,多种参数都暗示了长江上游和中下游地区含铁矿物组成有着明显差别,这种差别主要是由上游和中下游不同的流域构造、岩性组成,环境气候等条件的不同造成的。但同时对于同种矿物,各参数之间的指示既有相似性,例如 Fe_{PR}、χ 和 SIRM,又存在差异,例如 Fe_{HR} 和 HIRM 等。因而在长江沉积物 Fe 的从源到汇的研究中,方法的选择非常关键,单一分析方法得到的结论往往并不可靠,多种参数之间相互验证非常必要。除了空间上的差异,长江入海物质季节性的差异也很明显。南通悬浮物各参数在洪季表现出明显的上游沉积物特征,而枯季表现出较强的下游沉积物特征。进一步分析表明这种变化主要是季风主导下雨带在长江流域的移动造成的。降雨区的改变,使得长江上游和中下游在入海物质中贡献的比例有所不同。枯季时,沉积物主要以中下游供应为主,而洪季时,上游供应物质明显增加。三峡大坝在枯季截留蓄水,加剧了入海物质沉积物来源的分化,使上游物质在枯季更加难以搬运到下游地区。

8.2　今后工作展望

虽然本书在长江沉积物 Fe 循环与源—汇过程研究中取得了部分成果,但笔者也清醒地认识到,本书不论是在分析方法还是在研究思路上,还存在很多不足之处,例如,对不同化学相态 Fe 的矿物组成,还有待进一步明确;在计算上游和中下游沉积物贡献比例上,还有很多假设;漫反射光谱分析结果还缺乏定量化的研究;多学科参数之间的对比还缺乏深入的分析;搬运时间计算过程的理论和个别概念还有待进一步探讨。尽管还有上述种种问题存在,但不可否认,本书还是为长江沉积物 Fe 循环和源—汇过程的研究做了很多探索性的工作。而以上列举的各种问题,正是笔者今后努力的方向,概括起来,有以下几点。

(1)将 Fe 的化学相态分析方法与 XRD 方法结合,进一步明确每步化学萃取产物的矿物学组成。

(2)深化长江沉积物漫反射光谱分析方法,力求建立一套有效的计算公式,使漫反射数据在指示长江沉积物赤铁矿和针铁矿含量时定量化。

(3)采集长江流域,尤其是中下游土壤样品,从而更加直接地了解中下游的风化信息。同时,将土壤样品与水系沉积物样品对比,探讨二者之间风化过程的差异。

(4)开展 Fe 同位素工作。Fe 同位素研究是国际热点问题,我国相关工作才刚刚开展,长江水系沉积物 Fe 同位素研究更是鲜有报道。本课题已经尝试性地分析了 4 个长江样品和 2 个黄河样品的 Fe 同位素值,但由于样品较少,对数据理解不够深入,笔者并没有在文中展示。但鉴于 Fe 同位素巨大的应用前景,今后工作拟对长江 Fe 同位素开展更多研究。

(5)深入探讨人类活动对长江流域 Fe 循环的影响。长江流域,尤其是中下游地区是我国人口最为密集的区域之一,人类活动对元素的地球化学行为,尤其是 Fe 的地球化学行为,有着重要的影响。本书虽然尝试对现有数据深入挖掘,力求剥离人类活动和自然环境变化对 Fe 元素地球化学行为的控制,但很多方面期待深入。笔者将在未来工作中寻找更加灵敏的参数,指示人类活动对 Fe 循环的影响,环境磁学参数或许是一个新的突破口。

（6）加强与国内其他河流,例如黄河和珠江,及世界其他主要河流的对比,例如亚马孙河、密西西比河、南亚河流等。从而将长江流域放在一个世界性大河流域的角度,拓宽思路,深化研究,提高长江 Fe 循环的研究意义。

（7）本书所提到的长江流域 Fe 循环,严格意义上讲,主要是指表生低温环境下河口颗粒态 Fe 的循环过程。但已有报道显示,河流胶体态、溶解态,甚至是纳米级微颗粒态 Fe 的地球化学行为,对生态环境的影响更加直接。因此,未来 Fe 循环研究将从宏观走向微观,从流域走向河口乃至陆架,更加全面深入地探讨 Fe 在生物地球化学循环中的作用。

（8）本书研究已经显示不同参数和指标含 Fe 矿物的指示不尽相同,除了方法和机理本身的差异外,一个十分重要的原因是各参数应用的时空尺度不同。因此,在未来 Fe 循环研究中,方法的选择十分关键。

长江流域水系沉积物的 Fe 循环过程相当复杂,沉积物中 Fe 的分布无论是在空间上还是在时间上,都有明显的差异。个别采样点的少量样品和单一分析方法,很难完整地揭示长江沉积物 Fe 循环特征。本书研究结果也说明,在未来的长江地球化学研究中,一定要注意样品代表性选择和多种分析方法并用的研究思路,同时兼顾时空的变化和人类活动的影响,才能真正解读不同元素和同位素指标在长江这种大河流域的地球化学行为规律。

参考文献

[1] Andersson P S, G J W, Chen J H, et al. , $^{238}U-^{234}U$ and $^{232}Th-^{230}Th$ in the Baltic Sea and in river water[J]. Earth and Planetary Science Letters, 1995, (130): 217 - 234.

[2] Arimoto R, Balsam W, Schloesslin C. Visible spectroscopy of aerosol particles collected on filters: iron-oxide minerals [J]. Atmospheric Environment, 2002, 36(1): 89 - 96.

[3] Baig J A, Kazi T G, Arain M B, et al. . Arsenic fractionation in sediments of different origins using BCR sequential and single extraction methods[J]. Journal of Hazardous Materials, 2009, 167(1 - 3): 745 - 751.

[4] Baker A, French M, Linge K. Trends in aerosol nutrient solubility along a west Ceast transect of the Saharan dust plume[J]. Geophysical Research Letters, 2006, 33(7): L07805.

[5] Baker A, Jickells T. Mineral particle size as a control on aerosol iron solubility[J]. Geophys. Res. Lett. , 2006, 33: L17608.

[6] Balsam W, Damuth J E, Deaton B. Marine sediment components: identification and dispersal assessed by diffuse reflectance spectrophotometry [J]. International Journal of Environment and Health, 2007, 1 (3): 403 - 426.

[7] Balsam W，Ellwood B，Ji J. Direct correlation of the marine oxygen isotope record with the Chinese Loess Plateau iron oxide and magnetic susceptibility records[J]. Palaeogeography，Palaeoclimatology，Palaeoecology，2005，221(1 - 2)：141 - 152.

[8] Balsam W，Ji J，Chen J. Climatic interpretation of the Luochuan and Lingtai loess sections，China，based on changing iron oxide mineralogy and magnetic susceptibility[J]. Earth and Planetary Science Letters，2004，223(3 - 4)：335 - 348.

[9] Balsam W L，Damuth J F. Further investigations of shipboard vs[C]. Shore-based spectral data：implications for interpreting leg 164 sediment composition. Ocean Drilling Program，2000，164：313 - 324.

[10] Barbeau K，Rue E，Bruland K，et al.，Photochemical cycling of iron in the surface ocean mediated by microbial iron (III)-binding ligands[J]. Nature，2001，Vol. 413(6854)：409 - 413.

[11] Beckwith P，Ellis J，Revitt D，et al.，Heavy metal and magnetic relationships for urban source sediments [J]. Physics of the earth and planetary interiors，1986，42(1 - 2)：67 - 75.

[12] Bergquist B，Wu J，Boyle E，Variability in oceanic dissolved iron is dominated by the colloidal fraction[J]. Geochimica Et Cosmochimica Acta，2007，71(12)：2960 - 2974.

[13] Berner R A. Sedimentary pyrite formation [J].. American Journal of Science，1970，268(1)：1.

[14] Berner R A，Kothavala Z. GEOCARB III：A revised model of atmospheric CO_2 over Phanerozoic time[J]. American Journal of Science，2001，301(2)：182.

[15] Bityukova L，Scholger R，Birke M. Magnetic susceptibility as indicator of environmental pollution of soils in Tallinn[J]. Physics and Chemistry of the Earth，Part A：Solid Earth and Geodesy，1999，24(9)：829 - 835.

[16]　Bloemendal J, Liu X. Rock magnetism and geochemistry of two Plio-Pleistocene Chinese loess-palaeosol sequences-Implications for quantitative palaeoprecipitation reconstruction[J]. Palaeogeography, Palaeoclimatology, Palaeoecology, 2005, 226(1 - 2): 149 - 166.

[17]　Bloemendal J, Liu X, Sun Y, et al.. An assessment of magnetic and geochemical indicators of weathering and pedogenesis at two contrasting sites on the Chinese Loess plateau[J]. Palaeogeography, Palaeoclimatology, Palaeoecology, 2008, 257(1 - 2): 152 - 168.

[18]　Boström K, Burman J-O, Pontér C, et al.. Selective removal of trace elements from the Baltic by suspended matter Marine Chemistry[J]. 1981, 10(4): 335 - 354.

[19]　Boyd P W, Jickells T, Law C, et al.. Mesoscale iron enrichment experiments 1993 - 2005: Synthesis and future directions[J]. Science, 2007, 315(5812): 612.

[20]　Boyd P W, Law C S, Wong C, et al.. The decline and fate of an iron-induced subarctic phytoplankton bloom[J]. Nature, 2004, 428(6982): 549 - 553.

[21]　Boyd P W, Watson A J, Law C S, et al.. A mesoscale phytoplankton bloom in the polar Southern Ocean stimulated by iron fertilization[J]. Nature, 2000, 407(6805): 695 - 702.

[22]　Buesseler K O, Andrews J E, Pike S M, et al.. The effects of iron fertilization on carbon sequestration in the Southern Ocean[J]. Science, 2004, 304(5669): 414.

[23]　Buesseler K O, Boyd P W. Will ocean fertilization work? [J]. Science, 2003, 300(5616): 67.

[24]　Buesseler K O, Doney S C, Karl D M, et al.. Ocean Iron Fertilization — Moving Forward in a Sea of Uncertainty[J]. Science, 2008, 319: 162.

[25]　Cai W J, Guo X, Chen C T A, et al., A comparative overview of weathering

intensity and HCO_3^- flux in the world's major rivers with emphasis on the Changjiang, Huanghe, Zhujiang (Pearl) and Mississippi Rivers [J]. Continental Shelf Research, 2008, 28(12): 1538 – 1549.

[26] Calmano W, Forstner U. Chemical extraction of heavy metals in polluted river sediments in central Europe[J]. Science of the Total Environment, 1983, 28(1 – 3): 77 – 90.

[27] Canfield D E. Sulfate reduction and the diagenesis of iron in anoxic marine sediments[D]. Yale University, 1988.

[28] Canfield D E. Reactive iron in marine sediments [J]. Geochimica Et Cosmochimica Acta, 1989, 53(3): 619 – 632.

[29] Canfield D E. The geochemistry of river particulates from the continental USA: Major elements[J]. Geochimica Et Cosmochimica Acta, 1997, 61 (16): 3349 – 3365.

[30] Canfield D E, Raiswell R, Bottrell S. The reactivity of sedimentary iron minerals toward sulfide [J]. American Journal of Science, 1992, 292: 659 – 659.

[31] Carson M A, Kirkby M J. Hillslope Form and Process[M]. Cambridge: Cambridge University Press, 1972.

[32] Chabaux F, Riotte J, Clauer N, et al.. Isotopic tracing of the dissolved U fluxes of Himalayan rivers: implications for present and past U budgets of the Ganges-Brahmaputra system[J]. Geochimica Et Cosmochimica Acta, 2001, 65(19): 3201 – 3217.

[33] Chao T. Use of partial dissolution techniques in geochemical exploration[J]. Journal of Geochemical Exploration, 1984, 20(2): 101 – 135.

[34] Chao T T, Zhou L L. Extraction Techniques for Selective Dissolution of Amorphous Iron Oxides from Soils and Sediments1[J]. Soil Science Society of America Journal, 1983, 47(2): 225 – 232.

[35] Chen J, Wang F. Chemical composition of river particulates in eastern China

[J]. GeoJournal, 1996, 40(1): 31 - 37.

[36] Chen J, Wang F, Li X, et al. Geographical variations of trace elements in sediments of the major rivers in eastern China[J]. Environmental Geology, 2000, 39(12): 1334 - 1340.

[37] Chen J, Wang F, Xia X, et al. Major element chemistry of the Changjiang (Yangtze River)[J]. Chemical Geology. 2002, 187(3 - 4): 231 - 255.

[38] Chen T, Xie Q, Xu H, et al. Characteristics and formation mechanism of pedogenic hematite in Quaternary Chinese loess and paleosols[J]. Catena, 2010, 81(3): 217 - 225.

[39] Chen X, Yan Y, Fu R, et al. Sediment transport from the Yangtze River, China, into the sea over the Post-Three Gorge Dam Period: A discussion[J]. Quaternary International, 2008, 186(1): 55 - 64.

[40] Chen Z, Wang Z, Finlayson B, et al. Implications of flow control by the Three Gorges Dam on sediment and channel dynamics of the middle Yangtze (Changjiang) River, China[J]. Geology, 2010, 38(11): 1043 - 1046.

[41] Chester R, Hughes M. A chemical technique for the separation of ferro-manganese minerals, carbonate minerals and adsorbed trace elements from pelagic sediments[J]. Chemical Geology, 1967, 2: 249 - 262.

[42] Chetelat B, Liu C Q, Gaillardet J, et al. Boron isotopes geochemistry of the Changjiang basin rivers [J]. Geochimica Et Cosmochimica Acta. 2009, 73(20): 6084 - 6097.

[43] Chetelat B, Liu C Q, Zhao Z, et al. Geochemistry of the dissolved load of the Changjiang Basin rivers: Anthropogenic impacts and chemical weathering [J]. Geochimica Et Cosmochimica Acta. 2008, 72(17): 4254 - 4277.

[44] Chuang P, Duvall R, Shafer M, et al. The origin of water soluble particulate iron in the Asian atmospheric outflow[J]. Geophys. Res. Lett, 2005, 32: L07813.

[45] Coale K H, Fitzwater S E, Gordon R M, et al. Control of community

growth and export production by upwelled iron in the equatorial Pacific Ocean[J]. Nature, 1996a, 379: 621 - 624.

[46] Coale K H, Johnson K S, Chavez F P, et al. Southern Ocean iron enrichment experiment: carbon cycling in high-and low-Si waters [J]. Science, 2004, 304(5669): 408.

[47] Coale K H, Johnson K S, Fitzwater S E, et al. A massive phytop ikton bloom Induced by an ecosystem-scale iron fertilization experiment in the equatorial Pacific Ocean[J]. Nature, 1996b, 383: 495.

[48] Cornell R M, Schwertmann U. The iron oxides [M]. Vch, Weinheim, 1996.

[49] Cornell R M, Schwertmann U. The iron oxides: Structure, properties, reactions, occurrences, and uses[M]. Wiley-Vch, 2003.

[50] Cuong D T, Obbard J P. Metal speciation in coastal marine sediments from Singapore using a modified BCR-sequential extraction procedure[J]. Applied Geochemistry, 2006, 21(8): 1335 - 1346.

[51] Dankers P. Relationship between median destructive field and remanent coercive forces for dispersed natural magnetite, titanomagnetite and hematite [J]. Geophysical Journal of the Royal Astronomical Society, 1981, 64(2): 447 - 461.

[52] Davey B, Russell J, Wilson M. Iron oxide and clay minerals and their relation to colours of red and yellow podzolic soils near Sydney, Australia [J]. Geoderma, 1975, 14(2): 125 - 138.

[53] Davidson C M, Ferreire P C S, Ure A M. Some sources of availability in application of the three-stage sequential extraction procedur e recomm ended by BCR to industrially comtam inated soil [J]. Fresenius Journal of Analytical Chemistry, 1999, 363: 446 - 451.

[54] Davidson C M, Thomas R P, McVey S E, et al. Evaluation of a sequential extraction procedure for the speciation of heavy metals in sediments[J].

Analytica chimica acta. 1994, 291(3): 277 - 286.

[55] Dealing J, Hay K, Baban S, et al. Magnetic susceptibility of soil: an evaluation of conflicting theories using a national data set[J]. Geophysical Journal International, 1996, 127(3): 728 - 734.

[56] Dearing J. Environmental magnetic susceptibility [M]. Kenilworth: Chi Publishing, 1999.

[57] Deaton B C, Balsam W L. Visible spectroscopy: a rapid method for determining hematite and goethite concentration in geological materials[J]. Journal of Sedimentary Research, 1991, 61(4): 628.

[58] Deng C, Shaw J, Liu Q, et al. Mineral magnetic variation of the Jingbian loess/paleosol sequence in the northern Loess Plateau of China: Implications for Quaternary development of Asian aridification and cooling[J]. Earth and Planetary Science Letters, 2006, 241(1 - 2): 248 - 259.

[59] DePaolo D J, Maher K, Christensen J N, et al. Sediment transport time measured with U-series isotopes: Results from ODP North Atlantic drift site 984[J]. Earth and Planetary Science Letters. 2006, 248(1 - 2): 394 - 410.

[60] Ding T, Wan D, Wang C, et al. Silicon isotope compositions of dissolved silicon and suspended matter in the Yangtze River, China[J]. Geochimica Et Cosmochimica Acta, 2004, 68(2): 205 - 216.

[61] Dosseto A, Bourdon B, Gaillardet J, et al. Time scale and conditions of weathering under tropical climate: Study of the Amazon basin with U-series [J]. Geochimica Et Cosmochimica Acta, 2006a, 70(1): 71 - 89.

[62] Dosseto A, Bourdon B, Gaillardet J, et al. Weathering and transport of sediments in the Bolivian Andes: Time constraints from uranium-series isotopes[J]. Earth and Planetary Science Letters, 2006b, 248 (3 - 4): 759 - 771.

[63] Dosseto A, Bourdon B, Turner S P. Uranium-series isotopes in river materials: insights into the timescales of erosion and sediment transport[J].

Earth and Planetary Science Letters，2008，265(1 - 2)：1 - 17.

[64] Dosseto A，Turner S，Douglas G. Uranium-series isotopes in colloids and suspended sediments：timescale for sediment production and transport in the Murray-Darling River system[J]. Earth and Planetary Science Letters，2006c，246(3 - 4)：418 - 431.

[65] Dou Y，Yang S，Liu Z，et al. Provenance discrimination of siliciclastic sediments in the middle Okinawa Trough since 30 ka：Constraints from rare earth element compositions[J]. Marine Geology，2010a，275 (1 - 4)：212 - 220.

[66] Dou Y，Yang S，Liu Z，et al. Clay mineral evolution in the central Okinawa Trough since 28 ka：Implications for sediment provenance and paleoenvironmental change [J]. Palaeogeography，Palaeoclimatology，Palaeoecology，2010b，288(1 - 4)：108 - 117.

[67] Douglas T A. Seasonality of bedrock weathering chemistry and CO_2 consumption in a small watershed，the White River，Vermont[J]. Chemical Geology，2006，231(3)：236 - 251.

[68] Drever J I，Marion G. The geochemistry of natural waters：surface and groundwater environments[J]. Journal of Environmental Quality，1998，27(1)：245 - 245.

[69] Duce R，Liss P，Merrill J，et al. The atmospheric input of trace species to the world ocean[J]. Global Biogeochemical Cycles，1991，5(3)：193 - 259.

[70] Dupré B，Gaillardet J，Rousseau D，et al. Major and trace elements of river-borne material：The Congo Basin[J]. Geochimica Et Cosmochimica Acta，1996，60(8)：1301 - 1321.

[71] Duzgoren-Aydin N，Aydin A，Malpas J. Re-assessment of chemical weathering indices：case study on pyroclastic rocks of Hong Kong[J]. Engineering Geology，2002，63(1 - 2)：99 - 119.

[72] Dyar M D，Agresti D G，Schaefer M W，et al. Mössbauer spectroscopy of

Earth and planetary materials. Annu. Rev[J]. Earth Planet. Sci. , 2006, 34: 83 - 125.

[73] Edmond J, Palmer M. Fluvial geochemistry of the eastern slope of the northeastern Andes and its foredeep in the drainage of the Orinoco in Colombia and Venezuela[J]. Geochimica Et Cosmochimica Acta, 1996, 60 (16): 2949 - 2974.

[74] Evans M E, Heller F. Environmental magnetism: principles and applications of enviromagnetics[M]. Academic Press, 2003.

[75] Falkowski P G. Marine phytoplankton play a critical role in regulating the earth's climate[J]. Scientific American, 2002, 8: 54 - 61.

[76] Fan S M, Moxim W J, Levy H. Aeolian input of bioavailable iron to the ocean[J]. Geophys. Res. Lett. , 2006, 33(7): L07602.

[77] Fassbinder J W E, Stanjekt H, Vali H. Occurrence of magnetic bacteria in soil[J]. Nature, 1990, 343: 161 - 163.

[78] Fleischer R L. Alpha-recoil damage and solution effects in minerals: uranium isotopic disequilibrium and radon release [J]. Geochimica Et Cosmochimica Acta, 1982, 46(11): 2191 - 2201.

[79] Flynn K J, Hipkin C R. Interactions between iron, light, ammonium, and nitrate: insights from the construction of a dynamic model of algal physiology [J]. Journal of Phycology, 1999, 35(6): 1171 - 1190.

[80] Fung I Y, Meyn S K, Tegen I, et al. Iron supply and demand in the upper ocean[J]. Global Biogeochem. Cycles, 2000, 14(1): 281 - 295.

[81] Gabet E J. A theoretical model coupling chemical weathering and physical erosion in landslide-dominated landscapes[J]. Earth and Planetary Science Letters, 2007, 264(1 - 2): 259 - 265.

[82] Gabet E J, Edelman R, Langner H. Hydrological controls on chemical weathering rates at the soil-bedrock interface [J]. Geology, 2006, 34(12): 1065.

[83] Gaillardet J, Dupré B, Allègre C J. Geochemistry of large river suspended sediments: Silicate weathering or recycling tracer? [J]. Geochimica Et Cosmochimica Acta, 1999a, 63(23 – 24): 4037 – 4051.

[84] Gaillardet J, Dupré B, Louvat P, et al. Global silicate weathering and CO_2 consumption rates deduced from the chemistry of large rivers[J]. Chemical Geology, 1999b, 159(1 – 4): 3 – 30.

[85] Gaillardet J, Viers J, Dupré B. Trace Elements in River Waters. In: Heinrich D H and Karl K T, Treatise on geochemistry[M]. Pergamon, Oxford, 2003: 225 – 272.

[86] Gautam P, Blaha U, Appel E. Magnetic susceptibility of dust-loaded leaves as a proxy of traffic-related heavy metal pollution in Kathmandu city, Nepal [J]. Atmospheric Environment, 2005, 39(12): 2201 – 2211.

[87] Geider R J. Complex lessons of iron uptake[J]. Nature, 1999, 400(6747): 815 – 816.

[88] GeoPRISMS, GeoPRISMS Draft Science Plan, MARGINS Office, 2010.

[89] Georgeaud V, Rochette P, Ambrosi J, et al. Relationship between heavy metals and magnetic properties in a large polluted catchment: the Etang de Berre (South of France)[J]. Physics and Chemistry of the Earth, 1997, 22(1 – 2): 211 – 214.

[90] GeoTraces, GEOTRACES Science Plan [C]. Scientific Committee on Oceanic Research, Baltimore, Maryland, 2006.

[91] Gibbs R J. Mechanisms of trace metal transport in rivers[J]. Science, 1973, 180(4081): 71.

[92] Gibbs R J. Transport phases of transition metals in the Amazon and Yukon Rivers[J]. Bulletin of the Geological Society of America, 1977, 88(6): 829.

[93] Gislason S R, Oelkers E H, Snorrason A. Role of river-suspended material in the global carbon cycle[J]. Geology, 2006, 34(1): 49.

[94] Gordeev V V, Rachold V, Vlasova I E. Geochemical behaviour of major and

trace elements in suspended particulate material of the Irtysh river, the main tributary of the Ob river, Siberia[J]. Applied Geochemistry, 2004, 19(4): 593 - 610.

[95] Granet M, Chabaux F, Stille P, et al. Time-scales of sedimentary transfer and weathering processes from U-series nuclides: Clues from the Himalayan rivers[J]. Earth and Planetary Science Letters, 2007, 261 (3 - 4): 389 - 406.

[96] Guieu C, Bonnet S, Wagener T, et al. Biomass burning as a source of dissolved iron to the open ocean[J]. Geophys. Res. Lett. 2005, 32: L19608.

[97] Hall G, Pelchat P. Comparibility of Results Obtained by the Use of Different Selective Extraction Schemer for the Determination of Element Forms in Soils[J]. Water, Air, & Soil Pollution, 1999, 112(1): 41 - 53.

[98] Hall G, Vaive J, Beer R, et al. Selective leaches revisited, with emphasis on the amorphous Fe oxyhydroxide phase extraction[J]. Journal of Geochemical Exploration, 1996, 56(1): 59 - 78.

[99] Han Y, Fang X, Zhao T, et al. Long range trans-Pacific transport and deposition of Asian dust aerosols[J]. Journal of Environmental Sciences, 2008, 20(4): 424 - 428.

[100] Hand J, Mahowald N, Chen Y, et al. Estimates of atmospheric-processed soluble iron from observations and a global mineral aerosol model: Biogeochemical implications[J]. Journal of Geophysical Research, 2004, 109: D17205.

[101] Harris S E, Mix A C. Pleistocene Precipitation Balance in the Amazon Basin Recorded in Deep Sea Sediments[J]. Quaternary Research, 1999, 51(1): 14 - 26.

[102] Hartmann J, Jansen N, Durr H H, et al. Global CO_2 - consumption by chemical weathering: What is the contribution of highly active weathering

regions? [J]. Global and Planetary Change, 2009, 69(4): 185 - 194.

[103] Hay K, Dearing J, Baban S, et al. A preliminary attempt to identify atmospherically-derived pollution particles in English topsoils from magnetic susceptibility measurements[J]. Physics and Chemistry of the Earth, 1997, 22(1 - 2): 207 - 210.

[104] Heller F, Liu X, Liu T, et al. Magnetic susceptibility of loess in China[J]. Earth and Planetary Science Letters, 1991, 103(1 - 4): 301 - 310.

[105] Hilley G E, Porder S. A framework for predicting global silicate weathering and CO_2 drawdown rates over geologic time-scales [J]. Proceedings of the National Academy of Sciences, 2008, 105(44): 16855.

[106] Hirner A. Trace element speciation in soils and sediments using sequential chemical extraction methods[J]. International journal of environmental analytical chemistry, 1992, 46(1): 77 - 85.

[107] Hu B, Yang Z, Wang H, et al. Sedimentation in the Three Gorges Dam and the future trend of Changjiang (Yangtze River) sediment flux to the sea [J]. Hydrology and Earth System Sciences, 2009, 13(11): 2253 - 2264.

[108] Huang S L. A study on heavy-metal pollutant desorption by sediment with different grain sizes[J]. Acta Geographica Sinica, 1995, 50(6): 497 - 505.

[109] Huang X, Sillanpää M, Gjessing E T, et al. Water quality in the Tibetan Plateau: Major ions and trace elements in the headwaters of four major Asian rivers[J]. Science of the Total Environment, 2009, 407(24): 6242 - 6254.

[110] Hutchins D, DiTullio G, Zhang Y, et al. An iron limitation mosaic in the California upwelling regime [J]. Limnology and Oceanography, 1998, 43(6): 1037 - 1054.

[111] Ingri J, Widerlund A. Uptake of alkali and alkaline-earth elements on suspended iron and manganese in the kalix river, northern sweden[J]. Geochimica Et Cosmochimica Acta, 1994, 58(24): 5433 - 5442.

[112] Izquierdo C, Usero J, Gracia I. Speciation of heavy metals in sediments from salt marshes on the southern Atlantic coast of Spain[J]. Marine Pollution Bulletin, 1997, 34(2): 123 - 128.

[113] Jarvie H P, Neal C, Tappin A D, et al. Riverine inputs of major ions and trace elements to the tidal reaches of the River Tweed, UK[J]. The Science of the Total Environment, 2000, 251 - 252: 55 - 81.

[114] Jeanroy E, Rajot J, Pillon P, et al. Differential dissolution of hematite and goethite in dithionite and its implication on soil yellowing[J]. Geoderma, 1991, 50(1 - 2): 79 - 94.

[115] Jeong G Y, Hillier S, Kemp R A. Quantitative bulk and single-particle mineralogy of a thick Chinese loess-paleosol section: implications for loess provenance and weathering [J]. Quaternary Science Reviews, 2008, 27(11 - 12): 1271 - 1287.

[116] Ji J, Balsam W, Chen J, et al. Rapid and quantitative measurement of hematite and goethite in the Chinese loess-paleosol sequence by diffuse reflectance spectroscopy[J]. Clays and Clay Minerals, 2002, 50 (2): 208 - 216.

[117] Ji J, Chen J, Balsam W, et al. High resolution hematite/goethite records from Chinese loess sequences for the last glacial-interglacial cycle: Rapid climatic response of the East Asian Monsoon to the tropical Pacific[J]. Geophysical Research Letters, 2004, 31(3): L03207.

[118] Ji J, Zhao L, Balsam W, et al. Detecting chlorite in the Chinese loess sequence by diffuse reflectance spectroscopy[J]. Clays and Clay Minerals, 2006, 54(2): 266 - 273.

[119] Jickells T. Atmospheric inputs of metals and nutrients to the oceans: Their magnitude and effects[J]. Marine Chemistry, 1995, 48(3 - 4): 199 - 214.

[120] Jickells T, An Z, Andersen K K, et al. Global iron connections between desert dust, ocean biogeochemistry, and climate[J]. Science, 2005, 308

(5718)：67－71.

[121] Jickells T D. The inputs of dust derived elements to the Sargasso Sea: a synthesis[J]. Marine Chemistry, 1999, 68: 5－14.

[122] Jickells T D, Spokes L J. Eds, Atmospheric Iron Inputs to the Oceans. The biogeochemistry of iron in seawater[M]. Chichester, John Wiley & Sons Ltd, 2001.

[123] Johansen A M, Siefert R L, Hoffmann M R. Chemical composition of aerosols collected over the tropical North Atlantic Ocean[J]. J. geophys. Res. , 2000, 105(D12): 15277－15312.

[124] Journet E, Desboeufs K V, Caquineau S, et al. Mineralogy as a critical factor of dust iron solubility[J]. Geophysical Research Letters, 2008, 35(7): L07805.

[125] Kersten M, Ed. . Speciation of trace metals in sediments. Chemical Speciation in the Environment, Wiley Online Library, 1989.

[126] Kheboian C, Bauer C F. Accuracy of selective extraction procedures for metal speciation in model aquatic sediments[J]. Analytical chemistry, 1987, 59(10): 1417－1423.

[127] Kigoshi K. Alpha-recoil thorium － 234: dissolution into water and the uranium － 234/uranium － 238 disequilibrium in nature [J]. Science, 1971, 173(3991): 47.

[128] Kim K H, Choi G H, Kang C H, et al. The chemical composition of fine and coarse particles in relation with the Asian Dust events[J]. Atmospheric Environment, 2003, 37(6): 753－765.

[129] Kinugasa M, Ishita T, Sohrin Y, et al. Dynamics of trace metals during the subarctic Pacific iron experiment for ecosystem dynamics study (SEEDS2001)[J]. Progress in Oceanography, 2005, 64(2－4): 129－147.

[130] Kirschvink J L. Paleomagnetic evidence for fossil biogenic magnetite in western Crete[J]. Earth and Planetary Science Letters, 1982, 59(2):

388 - 392.

[131] Kmpf N, Schwertmann U. Goethite and hematite in a climosequence in southern Brazil and their application in classification of kaolinitic soils[J]. Geoderma, 1983, 29(1): 27 - 39.

[132] Kot A, Namiesik J. The role of speciation in analytical chemistry[J]. TrAC Trends in Analytical Chemistry, 2000, 19(2 - 3): 69 - 79.

[133] Krauskopf K B, Bird D K. Introduction to geochemistry[M]. New York, McGraw-Hill, 1995.

[134] Kump L R, Brantley S L, Arthur M A. Chemical weathering, atmospheric CO_2, and climate[J]. Annual Review of Earth and Planetary Sciences, 2000, 28(1): 611 - 667.

[135] Leleyter L, Probst J L. A new sequential extraction procedure for the speciation of particulate trace elements in river sediments[J]. International journal of environmental analytical chemistry, 1999, 73(2): 109 - 128.

[136] Li C, Yang S. Is chemical index of alteration (CIA) a reliable proxy for chemical weathering in global drainage basins? [J]. American Journal of Science, 2010, 310(2): 111 - 127.

[137] Li F, Li G, Ji J. Increasing magnetic susceptibility of the suspended particles in Yangtze River and possible contribution of fly ash[J]. Catena, 2011, 87(1): 141 - 146.

[138] Li G, Chen J, Ji J, et al. Natural and anthropogenic sources of East Asian dust[J]. Geology, 2009, 37(8): 727.

[139] Li J, Zhang J. Chemical weathering processes and atmospheric CO_2 consumption of Huanghe River and Changjiang River basins[J]. Chinese Geographical Science, 2005, 15(1): 16 - 21.

[140] Li M, Xu K, Watanabe M, et al. Long-term variations in dissolved silicate, nitrogen, and phosphorus flux from the Yangtze River into the East China Sea and impacts on estuarine ecosystem[J]. Estuarine, Coastal

and Shelf Science，2007，71：3 - 12.

[141] Li Y H，Teraoka H，Yang Z S，et al. The elemental composition of suspended particles from the Yellow and Yangtze Rivers[J]. Geochimica Et Cosmochimica Acta，1984，48(7)：1561 - 1564.

[142] Lin S，Hsieh I. Influence of the Yangtze River and grain size on the spatial variations of heavy metals and organic carbon in the East China Sea continental shelf sediments[J]. Chemical Geology，2002，182(2 - 4)：377 - 394.

[143] Liu J，Zhu R，Li G. Rock magnetic properties of the fine-grained sediment on the outer shelf of the East China Sea：implication for provenance[J]. Marine Geology，2003a，193(3 - 4)：195 - 206.

[144] Liu Q，Banerjee S K，Jackson M J，et al. An integrated study of the grain-size-dependent magnetic mineralogy of the Chinese loess/paleosol and its environmental significance[J]. J. geophys. Res. 2003b，108(B9)：2437.

[145] Liu Q，Banerjee S K，Jackson M J，et al. New insights into partial oxidation model of magnetites and thermal alteration of magnetic mineralogy of the Chinese loess in air [J]. Geophysical Journal International. 2004a，158(2)：506 - 514.

[146] Liu Q，Banerjee S K，Jackson M J，et al. A new method in mineral magnetism for the separation of weak antiferromagnetic signal from a strong ferrimagnetic background [J]. Geophysical Research Letters，2002，29(12)：1565.

[147] Liu Q，Roberts A P，Torrent J，et al. What do the HIRM and S - ratio really measure in environmental magnetism [J]. Geochem. Geophys. Geosyst，2007，8：Q09011.

[148] Liu Q S，Jackson M J，Banerjee S K，et al. Mechanism of the magnetic susceptibility enhancements of the Chinese loess[J]. J. geophys. Res. ，2004b，109：B12107.

[149] Liu S, Zhang W, He Q, et al. Magnetic properties of East China Sea shelf sediments off the Yangtze Estuary: Influence of provenance and particle size [J]. Geomorphology, 2010, 119: 212 – 220.

[150] Liu T S. Loess and the Environment [M]. Beijing: China Ocean Press, 1985.

[151] Lopez-Sanchez J, Rubio R, Rauret G. Comparison of two sequential extraction procedures for trace metal partitioning in sediments [J]. International journal of environmental analytical chemistry, 1993, 51(1): 113 – 121.

[152] Ludwig W, Amiotte-Suchet P, Probst J L. Enhanced chemical weathering of rocks during the last glacial maximum: a sink for atmospheric CO_2? [J]. Chemical Geology, 1999, 159(1 – 4): 147 – 161.

[153] Luo C, Mahowald N, Bond T, et al. Combustion iron distribution and deposition[J]. Global Biogeochem, Cycles, 2008, 22: GB1012.

[154] Luo C, Mahowald N, Meskhidze N, et al. Estimation of iron solubility from observations and a global aerosol model[J]. Journal of Geophysical Research, 2005, 110(D23): D23307.

[155] Müller B, Berg M, Yao Z P, et al. How polluted is the Yangtze river? Water quality downstream from the Three Gorges Dam[J]. Science of the Total Environment, 2008, 402(2 – 3): 232 – 247.

[156] Maher B. Characterisation of soils by mineral magnetic measurements[J]. Physics of the earth and planetary interiors, 1986, 42(1 – 2): 76 – 92.

[157] Maher B A. Magnetic properties of some synthetic sub-micron magnetites [J]. Geophysical Journal, 1988, 94(1): 83 – 96.

[158] Maher B A, Mutch T J, Cunningham D. Magnetic and geochemical characteristics of Gobi Desert surface sediments: Implications for provenance of the Chinese Loess Plateau[J]. Geology, 2009, 37 (3): 279 – 282.

[159] Maher B A, Prospero J M, Mackie D, et al. Global connections between aeolian dust, climate and ocean biogeochemistry at the present day and at the last glacial maximum[J]. Earth-Science Reviews, 2010, 99(1-2): 61-97.

[160] Maher B A, Taylor R M. Formation of ultrafine-grained magnetite in soils [J]. Nature, 1988, 336(6197): 368-370.

[161] Maher B A, Thompson R. Mineral magnetic record of the Chinese loess and paleosols[J]. Geology, 1991, 19(1): 3-6.

[162] Maher B A, Thompson R. Paleorainfall reconstructions from pedogenic magnetic susceptibility variations in the Chinese loess and paleosols[J]. Quaternary Research, 1995, 44(3): 383-391.

[163] Mahowald N M, Baker A R, Bergametti G, et al. Atmospheric global dust cycle and iron inputs to the ocean[J]. Global Biogeochem, Cycles, 2005, 19: GB4025.

[164] Mao C, Chen J, Yuan X, et al. Seasonal variation in the mineralogy of the suspended particulate matter of the lower Changjiang River at Nanjing, China[J]. Clays and Clay Minerals, 2010, 58(5): 691-706.

[165] MARGINS. NSF MARGINS Program Science Plans 2004[D]. New York: Lamont-Doherty Earth Observatory of Columbia University, 2003.

[166] Markels M, Barber R T. Sequestration of CO_2 by ocean fertilization[C]. NETL Conference on Carbon Sequestration, 2001.

[167] Martin H, Gordon M, Northeast Pacific iron distributions in relation to phytoplankton productivity[J]. Deep-Sea Research, 1988, 35: 177-196.

[168] Martin J, Nirel P, Thomas A. Sequential extraction techniques: promises and problems[J]. Marine Chemistry, 1987, 22(2-4): 313-341.

[169] Martin J H. Glacial-interglacial CO_2 change: The iron hypothesis [J]. Paleoceanography, 1990, 5(1): 1-13.

[170] Martin J H, Fitzwater S E. Iron deficiency limits phytoplankton growth in

the north-east Pacific subarctic[J]. Nature, 1988, 331: 177 - 196.

[171] Martin J M, Meybeck M. Elemental mass-balance of material carried by major world rivers[J]. Marine Chemistry, 1979, 7(3): 173 - 206.

[172] Martin J M, Whitfield M. The significance of the river input of chemical elements to the ocean. Trace Metals in Seawater[M]. New York: Plenum Press, 1983.

[173] McLennan S M. Weathering and global denudation[J]. The Journal of Geology, 1993, 101(2): 295 - 303.

[174] Meskhidze N, Chameides W, Nenes A. Dust and pollution: A recipe for enhanced ocean fertilization[J]. J. geophys. Res. 2005, 110: D03301.

[175] Meskhidze N, Chameides W, Nenes A, et al. Iron mobilization in mineral dust: Can anthropogenic SO_2 emissions affect ocean productivity [J]. Geophys. Res. Lett. 2003, 30(21): 2085.

[176] Meskhidze N, Nenes A, Chameides W L, et al. Atlantic Southern Ocean productivity: Fertilization from above or below? [J]. Global Biogeochemical Cycles, 2007, 21 (2): GB2006.

[177] Meybeck M. Global chemical weathering of surficial rocks estimated from river dissolved loads [J]. American Journal of Science, 1987, 287: 401 - 428.

[178] Milliman J D, Meade R H. World-wide delivery of river sediment to the oceans[J]. The Journal of Geology. 1983, 91(1): 1 - 21.

[179] Millot R, Gaillardet J, Dupré B, et al. The global control of silicate weathering rates and the coupling with physical erosion: new insights from rivers of the Canadian Shield[J].. Earth and Planetary Science Letters, 2002, 196(1 - 2): 83 - 98.

[180] Moore J, Braucher O. Sedimentary and mineral dust sources of dissolved iron to the world ocean[J]. Biogeosciences, 2008, 5(3): 631 - 656.

[181] Mortatti J, Probst J L. Silicate rock weathering and atmospheric/soil CO_2

uptake in the Amazon basin estimated from river water geochemistry: seasonal and spatial variations[J]. Chemical Geology, 2003, 197(1 - 4): 177 - 196.

[182] Murata A, Kumamoto Y, Saito C, et al. Impact of a spring phytoplankton bloom on the CO_2 system in the mixed layer of the northwestern North Pacific[J]. Deep Sea Research Part II: Topical Studies in Oceanography, 2002, 49(24 - 25): 5531 - 5555.

[183] Neal C, Robson A J, Wass P, et al. Major, minor, trace element and suspended sediment variations in the River Derwent[J]. Science of the Total Environment, 1998, 210(1 - 6): 163 - 172.

[184] Nesbitt H, Young G. Early Proterozoic climates and plate motions inferred from major element chemistry of lutites[J]. Nature, 1982, 299(5885): 715 - 717.

[185] Noh H, Huh Y, Qin J, et al. Chemical weathering in the Three Rivers region of Eastern Tibet[J]. Geochimica Et Cosmochimica Acta, 2009, 73(7): 1857 - 1877.

[186] Oldfield F. Toward the discrimination of fine-grained ferrimagnets by magnetic measurements in lake and near-shore marine sediments[J]. Journal of Geophysical Research, 1994, 99(B5): 9045 - 9050.

[187] Oliva P, Viers J, Dupre B. Chemical weathering in granitic environments [J]. Chemical Geology, 2003, 202(3 - 4): 225 - 256.

[188] Olley J M, Roberts R G, Murray A S. A novel method for determining residence times of river and lake sediments based on disequilibrium in the thorium decay series[J]. Water Resources Research, 1997, 33(6): 1319 - 1326.

[189] Parekh P, Follows M J, Boyle E A. Modeling the global ocean iron cycle [J]. 2004, 18: GB1002.

[190] Passos E A, Alves J C, dos Santos I S, et al. Assessment of trace metals

contamination in estuarine sediments using a sequential extraction technique and principal component analysis[J]. Microchemical Journal, 2010, 96(1): 50 - 57.

[191] Petersen N, von Dobeneck T, Vali H. Fossil bacterial magnetite in deep-sea sediments from the South Atlantic Ocean[J]. 1986, 320: 611 - 615.

[192] Pokrovsky O S, Schott J. Iron colloids/organic matter associated transport of major and trace elements in small boreal rivers and their estuaries (NW Russia)[J]. Chemical Geology, 2002, 190(1 - 4): 141 - 179.

[193] Poulton S. Aspects of the Global Iron Cycle: Weathering, Transport, Deposition and Early Diagenesis: Leeds, United Kingdom: [Ph. D Thesis]. Leeds: University of Leeds, 1998.

[194] Poulton S, Bekker A, Canfield D. Early Paleoproterozoic fluctuations in biospheric oxygenation[J]. Geochimica Et Cosmochimica Acta, 2009, 73: A1047.

[195] Poulton S, Fralick P, Canfield D. Spatial variability in oceanic redox structure 1. 8 billion years ago[J]. Nature Geoscience, 2010, 3: 486 - 490.

[196] Poulton S, Raiswell R. The low-temperature geochemical cycle of iron: from continental fluxes to marine sediment deposition[J]. American Journal of Science, 2002, 302(9): 774 - 805.

[197] Poulton S W, Canfield D E. Development of a sequential extraction procedure for iron: implications for iron partitioning in continentally derived particulates[J]. Chemical Geology, 2005, 214(3 - 4): 209 - 221.

[198] Poulton S W, Raiswell R. Solid phase associations, oceanic fluxes and the anthropogenic perturbation of transition metals in world river particulates [J]. Marine Chemistry, 2000, 72(1): 17 - 31.

[199] Poulton S W, Raiswell R. Chemical and physical characteristics of iron oxides in riverine and glacial meltwater sediments[J]. Chemical Geology, 2005, 218(3 - 4): 203 - 221.

[200] Presley B J. A review of Arctic trace metal data with implications for biological effects[J]. Marine Pollution Bulletin. 年,35(7 - 12): 226 - 234.

[201] Price N M, Morel F M M. Biological cycling of iron in the ocean[J]. Metal Ions In Biological Systems, 1998, 35: 1 - 36.

[202] Qin J, Huh Y, Edmond J, et al. Chemical and physical weathering in the Min Jiang, a headwater tributary of the Yangtze River[J]. Chemical Geology, 2006, 227(1 - 2): 53 - 69.

[203] Qu C, Chen C, Yang J, et al. Geochemistry of dissolved and particulate elements in the major rivers of China (the Huanghe, Changjiang, and Zhunjiang rivers)[J]. Estuaries and Coasts, 1993, 16(3): 475 - 487.

[204] Quevauviller P. Operationally defined extraction procedures for soil and sediment analysis I. Standardization[J]. TrAC Trends in Analytical Chemistry, 1998, 17(5): 289 - 298.

[205] Quevauviller P, Rauret G, López-Sánchez J-F, et al. Certification of trace metal extractable contents in a sediment reference material (CRM 601) following a three-step sequential extraction procedure[J]. Science of the Total Environment, 1997, 205(2 - 3): 223 - 234.

[206] Raiswell R. Towards a global highly reactive iron cycle[J]. Journal of Geochemical Exploration, 2006, 88(1 - 3): 436 - 439.

[207] Raiswell R, Canfield D, Berner R. A comparison of iron extraction methods for the determination of degree of pyritisation and the recognition of iron-limited pyrite formation[J]. Chemical Geology, 1994, 111(1 - 4): 101 - 110.

[208] Raiswell R, Tranter M, Benning L G, et al. Contributions from glacially derived sediment to the global iron (oxyhydr) oxide cycle: Implications for iron delivery to the oceans[J]. Geochimica Et Cosmochimica Acta, 2006, 70(11): 2765 - 2780.

[209] Raiswell R. Iron Transport from the Continents to the Open Ocean: The

Aging-Rejuvenation Cycle[J]. Elements. 2011，//7(2)：101 - 106.

[210] Rauret G，Lopez-Sanchez J，Sahuquillo A，et al. Improvement of the BCR three step sequential extraction procedure prior to the certification of new sediment and soil reference materials［J］. Journal of Environmental Monitoring，1999，1(1)：57 - 61.

[211] Raymo M，Ruddiman W F. Tectonic forcing of late Cenozoic climate[J]. Nature，1992，359(6391)：117 - 122.

[212] Raymo M E，Ruddiman W F，Froelich P N. Influence of late Cenozoic mountain building on ocean geochemical cycles[J]. Geology，1988，16(7)：649.

[213] Ren M，Shi Y. Sediment discharge of the Yellow River（China）and its effect on the sedimentation of the Bohai and the Yellow Sea[J]. Continental Shelf Research，1986，6(6)：785 - 810.

[214] Riebe C S，Kirchner J W，Finkel R C. Erosional and climatic effects on long-term chemical weathering rates in granitic landscapes spanning diverse climate regimes[J]. Earth and Planetary Science Letters，2004，224(3 - 4)：547 - 562.

[215] Riebe C S，Kirchner J W，Granger D E，et al. Strong tectonic and weak climatic control of long-term chemical weathering rates[J]. Geology，2001，29(6)：511 - 514.

[216] Roberts A. Ed. Environmental magnetism，paleomagnetic applications. Encylopedia of Geomagnetism and Paleomagnetism［M］. Dordrecht，Springer，2007.

[217] Robinson S G. The late Pleistocene palaeoclimatic record of North Atlantic deep-sea sediments revealed by mineral-magnetic measurements［J］. Physics of the earth and planetary interiors，1986，42(1 - 2)：22 - 47.

[218] Rudnick R，Gao S. Composition of the continental crust[J]. Treatise on geochemistry，2003，3：1 - 64.

［219］ Sarin M, Krishnaswami S. Chemistry of uranium, thorium, and radium isotopes in the Ganga-Brahmaputra river system: weathering processes and fluxes to the Bay of Bengal[J]. Geochimica Et Cosmochimica Acta, 1990, 54(5): 1387 – 1396.

［220］ Schäfer J, Blanc G. Relationship between ore deposits in river catchments and geochemistry of suspended particulate matter from six rivers in southwest France[J]. The Science of the Total Environment, 2002, 298(1 – 3): 103 – 118.

［221］ Scheinost A, Chavernas A, Barron V, et al. Use and Limitations of Second-Derivative Diffuse Reflectance Spectroscopy in the Visible to Near-Infrared Range to Identify and Quantity Fe Oxide Minerals in Soils[J]. Clays and Clay Minerals, 1998, 46(5): 528 – 536.

［222］ Schwertmann U. Transformation of hematite to goethite in soils[J]. 1971, 232: 624 – 625.

［223］ Schwertmann U. Ed. Occurrence and formation of iron oxides in various pedoenvironments. In: Stucki J W, Goodman B A, Schwertmann U, eds, Iron in soils and clay minerals[M]. Reidel, Dordrecht, 1988: 267 – 308.

［224］ Sedwick P N, Sholkovitz E R, Church T M. Impact of anthropogenic combustion emissions on the fractional solubility of aerosol iron: Evidence from the Sargasso Sea[J]. Geochem. Geophys. Geosyst. , 2007, 8(10): Q10Q06.

［225］ Sellitto V, Fernandes R, Barrón V, et al. Comparing two different spectroscopic techniques for the characterization of soil iron oxides: Diffuse versus bi-directional reflectance[J]. Geoderma, 2009, 149(1 – 2): 2 – 9.

［226］ Shen Z, Cao J, Zhang X, et al. Spectroscopic analysis of iron-oxide minerals in aerosol particles from northern China[J]. Science of the Total Environment, 2006, 367(2 – 3): 899 – 907.

［227］ Shen Z, Li X, Cao J, et al. Characteristics of clay minerals in Asian dust and their environmental significance[J]. China Particuology, 2005, 3(5): 260 - 264.

[228] Sims K, DePaolo D, Murrell M, et al. Porosity of the melting zone and variations in the solid mantle upwelling rate beneath Hawaii: Inferences from $^{238}U - ^{230}Th - ^{226}Ra$ and $^{235}U - ^{231}Pa$ disequilibria[J]. Geochimica Et Cosmochimica Acta, 1999, 63(23 - 24): 4119 - 4138.

[229] Smith S J, Andes R, Conception E, et al. Historical sulfur dioxide emissions, 1850 - 2000: methods and results, 2004. Res. Rep. PNNL - 14537, U. S. Dep. of Energy, Washington, D. C. (http: //www. pnl. gov/main/publications/external/technical_reports/PNNL - 14537. pdf).

[230] Smith S J, Pitcher H, Wigley T M L. Future sulfur dioxide emissions[J]. Climatic Change, 2005, 73(3): 267 - 318.

[231] Stallard R, Edmond J. Geochemistry of the Amazon 2. The influence of geology and weathering environment on the dissolved load[J]. Journal of Geophysical Research, 1983, 88(C14): 9671 - 9688.

[232] Stolpe B, Guo L, Shiller A M, et al. Size and composition of colloidal organic matter and trace elements in the Mississippi River, Pearl River and the northern Gulf of Mexico, as characterized by flow field-flow fractionation[J]. Marine Chemistry, 2010, 118 (3 - 4): 119 - 128.

[233] Stummeyer J, Marchig V, Knabe W. The composition of suspended matter from Ganges-Brahmaputra sediment dispersal system during low sediment transport season[J]. Chemical Geology, 2002, 185(1 - 2): 125 - 147.

[234] Suchet A, Probst J L, Ludwig W. Worldwide distribution of continental rock lithology: Implications for the atmospheric/soil CO_2 uptake by continental weathering and alkalinity river transport to the oceans[J]. Global Biogeochemical Cycles, 2003, 1(2): 1038 - 1051.

[235] Suchet P A, Probst J L. A global model for present-day atmospheric/soil CO_2 consumption by chemical erosion of continental rocks (GEM - CO_2)

[J]. Tellus B, 1995, 47(1-2): 273-280.

[236] Takata H, Kuma K, Iwade S, et al. Spatial variability of iron in the surface water of the northwestern North Pacific Ocean[J]. Marine Chemistry, 2004, 86(3-4): 139-157.

[237] Takeda S, Tsuda A. An in situ iron-enrichment experiment in the western subarctic Pacific (SEEDS): Introduction and summary[J]. Progress in Oceanography, 2005, 64(2-4): 95-109.

[238] Taylor K G, Konhauser K O. Iron in Earth surface systems: A major player in chemical and biological processes[J]. Elements, 2011, 7(2): 83-88.

[239] Taylor K G, Macquaker J H S. Iron minerals in marine sediments record chemical environments[J]. Elements, 2011, 7(2): 113-118.

[240] Taylor R, Maher B, Self P. Magnetite in soils: I, The synthesis of single-domain and superparamagnetic magnetite [J]. Clay minerals, 1987, 22(4): 411.

[241] Taylor S R, McLennan S M. The continental crust: its composition and evolution[M]. Palo Alto: Blackwell, 1985.

[242] Templeton D M, Ariese F, Cornelis R, et al. Guidelines for terms related to chemical speciation and fractionation of elements. Definitions, structural aspects, and methodological approaches[J]. Pure Appl. Chem. 2000, 72(8): 1453-1470.

[243] Tessier A, Campbell P G C, Bisson M. Sequential extraction procedure for the speciation of particulate trace metals[J]. Analytical chemistry, 1979, 51(7): 844-851.

[244] Thamdrup B, Fossing H, Jorgensen B B. Manganese, iron and sulfur cycling in a coastal marine sediment, Aarhus Bay, Denmark [J]. Geochimica Et Cosmochimica Acta, 1994, 58(23): 5115-5129.

[245] Thomas R, Ure A, Davidson C, et al. Three-stage sequential extraction

procedure for the determination of metals in river sediments[J]. Analytica chimica acta, 1994, 286(3): 423 - 429.

[246] Thompson R, Oldfield F. Environmental Magnetism[M]. London: Allen und Unwin, 1986.

[247] Torrent J, Barř®n V, Liu Q. Magnetic enhancement is linked to and precedes hematite formation in aerobic soil[J]. Geophysical Research Letters, 2006, 33(2): L02401.

[248] Towner J V. Study fo chemical extraction techniques used for eluciding the partitioning of trace metals in sediment [D]. Liverpool: University of Liverpool, 1985.

[249] Trefry J H, Presley B J, Manganese fluxes from Mississippi Delta sediments[J]. Geochimica Et Cosmochimica Acta, 1982, 46(10): 1715 - 1726.

[250] Tzen M. Determination of trace metals in the River YeilIrmak sediments in Tokat, Turkey using sequential extraction procedure[J]. Microchemical Journal, 2003, 74(1): 105 - 110.

[251] Uno I, Eguchi K, Yumimoto K, et al. Asian dust transported one full circuit around the globe[J]. Nature Geoscience, 2009, 2(8): 557 - 560.

[252] Ure A, Quevauviller P, Muntau H, et al. Speciation of heavy metals in soils and sediments. An account of the improvement and harmonization of extraction techniques undertaken under the auspices of the BCR of the Commission of the European Communities[J]. International journal of environmental analytical chemistry, 1993, 51(1): 135 - 151.

[253] Van Cappellen P, Wang Y. Cycling of iron and manganese in surface sediments: a general theory for the coupled transport and reaction of carbon, oxygen, nitrogen, sulfur, iron, and manganese[J]. American Journal ok Science, 1996, 296: 197 - 243.

[254] Velbel M A. Temperature dependence of silicate weathering in nature:

How strong a negative feedback on long-term accumulation of atmospheric CO₂ and global greenhouse warming? [J]. Geology, 1993, 21(12): 1059 – 1062.

[255] Verosub K L, Fine P, Singer M J, et al. Pedogenesis and paleoclimate: Interpretation of the magnetic susceptibility record of Chinese loess-paleosol sequences[J]. Geology, 1993, 21(11): 1011 – 1014.

[256] Viers J, Dupré B, Gaillardet J. Chemical composition of suspended sediments in World Rivers: New insights from a new database[J]. Science of the Total Environment, 2009, 407(2): 853 – 868.

[257] Vigier N, Bourdon B, Lewin E, et al. Mobility of U-series nuclides during basalt weathering: An example from the Deccan Traps (India)[J]. Chemical Geology, 2005, 219(1 – 4): 69 – 91.

[258] Vigier N, Bourdon B, Turner S, et al. Erosion timescales derived from U-decay series measurements in rivers[J]. Earth and Planetary Science Letters, 2001, 193(3 – 4): 549 – 563.

[259] Vigier N, Burton K, Gislason S, et al. The relationship between riverine U-series disequilibria and erosion rates in a basaltic terrain[J]. Earth and Planetary Science Letters, 2006, 249(3 – 4): 258 – 273.

[260] Visser F, Gerringa L. The role of the reactivity and content of iron of aerosol dust on growth rates of two Antarctic diatom species[J]. Journal of Phycology, 2003, 39(6): 1085 – 1094.

[261] Wang Y, Dong H, Li G, et al. Magnetic properties of muddy sediments on the northeastern continental shelves of China: Implication for provenance and transportation[J]. Marine Geology, 2010, 274(1 – 4): 107 – 119.

[262] Wang Y, Yu Z, Li G, et al. Discrimination in magnetic properties of different-sized sediments from the Changjiang and Huanghe Estuaries of China and its implication for provenance of sediment on the shelf[J]. Marine Geology, 2009, 260(1 – 4): 121 – 129.

[263] Wang Z L, Zhang J, Liu C Q. Strontium isotopic compositions of dissolved and suspended loads from the main channel of the Yangtze River[J]. Chemosphere, 2007, 69(7): 1081 - 1088.

[264] Watson R T, Noble I R, Bolin B, et al. Land use, land-use change and forestry: a special report of the Intergovernmental Panel on Climate Change. Land use, land-use change and forestry: a special report of the Intergovernmental Panel on Climate Change[M]. Cambridge: Cambridge University Press, 2000.

[265] Waychunas G A, Kim C S, Banfield J F. Nanoparticulate iron oxide minerals in soils and sediments: unique properties and contaminant scavenging mechanisms[J]. Journal of Nanoparticle Research, 2005, 7(4): 409 - 433.

[266] Weber L, V lker C, Schartau M, et al. Modeling the speciation and biogeochemistry of iron at the Bermuda Atlantic Time-series Study site. Glob[J]. Biogeochem. Cycles. , 2005, 19: GB1019.

[267] Wen H W, Zhang J. Effect of particle size on transition metal concentrations in the Changjiang (Yangtze River) and the Huanghe (Yellow River)[J]. China Science of the Total Environment, 1990, 94(3): 187 - 207.

[268] West A J, Galy A, Bickle M. Tectonic and climatic controls on silicate weathering[J]. Earth and Planetary Science Letters, 2005, 235(1 - 2): 211 - 228.

[269] White A F, Blum A E. Effects of climate on chemical_ weathering in watersheds[J]. Geochimica Et Cosmochimica Acta, 1995, 59 (9): 1729 - 1747.

[270] White A F, Brantley S L. The effect of time on the weathering of silicate minerals: why do weathering rates differ in the laboratory and field? [J]. Chemical Geology, 2003, 202(3 - 4): 479 - 506.

[271] Wu W, Xu S, Yang J, et al. Silicate weathering and CO_2 consumption deduced from the seven Chinese rivers originating in the Qinghai-Tibet Plateau[J]. Chemical Geology, 2008a, 249(3 - 4): 307 - 320.

[272] Wu W, Yang J, Xu S, et al. Geochemistry of the headwaters of the Yangtze River, Tongtian He and Jinsha Jiang: Silicate weathering and CO_2 consumption[J]. Applied Geochemistry, 2008b, 23(12): 3712 - 3727.

[273] Xia D S, Yang L P, Ma J Y, et al. Magnetic characteristics of dustfall in urban area of north China and its environmental significance[J]. Science in China Series D: Earth Sciences, 2007, 50(11): 1724 - 1732.

[274] Xu K, Milliman J, Yang Z, et al. Yangtze sediment decline partly from Three Gorges Dam[J]. Eos. , 2006, 87(19): 185 - 190.

[275] Yang S, Zhang J, Xu X. Influence of the Three Gorges Dam on downstream delivery of sediment and its environmental implications, Yangtze River[J]. Geophysical Research Letters, 2007a, 34(10): L10401.

[276] Yang S, Zhao Q, Belkin I M. Temporal variation in the sediment load of the Yangtze River and the influences of human activities[J]. Journal of Hydrology, 2002, 263(1 - 4): 56 - 71.

[277] Yang S Y, Jiang S Y, Ling H F, et al. Sr - Nd isotopic compositions of the Changjiang sediments: Implications for tracing sediment sources [J]. Science in China Series D - Earth Sciences, 2007b, 50(10): 1556 - 1565.

[278] Yang S Y, Jung H S, Li C X. Two unique weathering regimes in the Changjiang and Huanghe drainage basins: geochemical evidence from river sediments[J]. Sedimentary Geology, 2004, 164(1 - 2): 19 - 34.

[279] Yang S Y, Wang Z B, Guo Y, et al. Heavy mineral compositions of the Changjiang (Yangtze River) sediments and their provenance-tracing implication[J]. Journal of Asian Earth Sciences, 2009, 35(1): 56 - 65.

[280] Yang T, Liu Q, Chan L, et al. Magnetic investigation of heavy metals contamination in urban topsoils around the East Lake, Wuhan, China[J].

Geophysical Journal International，2007c，171(2)：603 - 612.

[281] Yang Z，Wang H，Saito Y，et al. Dam impacts on the Changjiang (Yangtze) River sediment discharge to the sea：The past 55 years and after the Three Gorges Dam[J]. Water Resources Research，2006，42(4)：W04407.

[282] Yoshie N，Fujii M，Yamanaka Y. Ecosystem changes after the SEEDS iron fertilization in the western North Pacific simulated by a one-dimensional ecosystem model [J]. Progress in Oceanography，2005，64(2 - 4)：283 - 306.

[283] Yu G H，Martin J M，Zhou J Y. Biogeochemical Study of the Changjiang Estuary[M]. Beijing：China Ocean Press，1990.

[284] Zhai W，Dai M，Guo X. Carbonate system and CO_2 degassing fluxes in the inner estuary of Changjiang (Yangtze) River，China [J]. Marine Chemistry，2007，107(3)：342 - 356.

[285] Zhang J. Geochemistry of trace metals from Chinese river/estuary systems：An overview[J]. Estuarine，Coastal and Shelf Science，1995，41(6)：631 - 658.

[286] Zhang J. Heavy metal compositions of suspended sediments in the Changjiang (Yangtze River) estuary：significance of riverine transport to the ocean[J]. Continental Shelf Research，1999，19(12)：1521 - 1543.

[287] Zhang J，Huang W，Liu S，et al. Transport of particulate heavy metals towards the China Sea：a preliminary study and comparison[J]. Marine Chemistry，1992，40(3 - 4)：161 - 178.

[288] Zhang J，Huang W W. Dissolved trace metals in the Huanghe：The most turbid large river in the world[J]. Water Research，1993，27(1)：1 - 8.

[289] Zhang J，Huang W W，Liu M G，et al. Drainage basin weathering and major element transport of two large Chinese rivers (Huanghe and Changjiang)[J]. Journal of Geophysical Research，1990，95(C8)：13277 -

13288.

[290] Zhang J, Huang W W, Wang J H. Trace-metal chemistry of the Huanghe (Yellow River), China-Examination of the data from in situ measurements and laboratory approach[J]. Chemical Geology, 1994, 114(1 - 2): 83 - 94.

[291] Zhang J, Liu C. Riverine composition and estuarine geochemistry of particulate metals in China — weathering features, anthropogenic impact and chemical fluxes [J]. Estuarine, Coastal and Shelf Science, 2002, 54(6): 1051 - 1070.

[292] Zhang J, Ren J, Liu S, et al. Dissolved aluminum and silica in the Changjiang (Yangtze River): Impact of weathering in subcontinental scale [J]. Global Biogeochemical Cycles, 2003, 17(3): 1077.

[293] Zhang W, Xing Y, Yu L, et al. Distinguishing sediments from the Yangtze and Yellow Rivers, China: a mineral magnetic approach [J]. The Holocene, 2008, 18(7): 1139 - 1145.

[294] Zhang W, Yu L, Hutchinson S. Diagenesis of magnetic minerals in the intertidal sediments of the Yangtze Estuary, China, and its environmental significance[J]. The Science of the Total Environment, 2001, 266(1 - 3): 169 - 175.

[295] Zhang W G, Yu L Z. Magnetic properties of tidal flat sediments of the Yangtze Estuary and its relationship with particle size[J]. Science in China Series D, 2003, 46(9): 954 - 966.

[296] Zheng Y, Kissel C, Zheng H, et al. Sedimentation on the inner shelf of the East China Sea: Magnetic properties, diagenesis and paleoclimate implications[J]. Marine Geology, 2010, 268(1 - 4): 34 - 42.

[297] Zheng Y, Zhang S. Magnetic properties of street dust and topsoil in Beijing and its environmental implications [J]. Chinese Science Bulletin, 2008, 53(3): 408 - 417.

[298] Zhou W, Chen L, Zhou M, et al. Thermal identification of goethite in soils

and sediments by diffuse reflectance spectroscopy[J]. Geoderma, 2010, 155(3-4): 419-425.

[299] Zhu F, Wang Z, Zhang B. Clay mineral distributions and their effects on the transfer of the polluting elements in the Changjiang Estuary and the adjacent shelf. // Biogeochemical Study of the Changjiang Estuary[M]. Beijing: China Ocean Press, 1990.

[300] Zhu R, Liu Q, Jackson M J. Paleoenvironmental significance of the magnetic fabrics in Chinese loess-paleosols since the last interglacial (<130 ka)[J]. Earth and Planetary Science Letters, 2004, 221(1-4): 55-69.

[301] Zhu X, Prospero J, Millero F. Diel variability of soluble Fe (II) and soluble total Fe in North African dust in the trade winds at Barbados[J]. J. geophys. Res., 1997, 102(D17): 21297-21305.

[302] 长江流域岩石类型图. 长江流域水体环境背景值研究图集[M]. 北京: 科学出版社, 1998.

[303] 长江水利网, http://www.cjh.com.cn/index.asp, 2010, 水利部长江委员会.

[304] 陈怀满. 环境土壤学[M]. 北京: 科学出版社, 2005.

[305] 陈静生, 关文荣. 长江干流近三十年来水质变化探析[J]. 环境化学, 1998, 17(001): 8-13.

[306] 陈静生, 洪松. 中国东部河流颗粒物的地球化学性质[J]. 地理学报, 2000, 55(004): 417-427.

[307] 陈静生, 王飞越. 中国东部主要河流颗粒物的元素组成[J]. 北京大学学报(自然科学版), 1996, 32(002): 206-214.

[308] 陈静生, 王飞越, 何大伟. 黄河水质地球化学[J]. 地学前缘, 2006a, 3(1): 58-73.

[309] 陈静生, 王飞越, 夏星辉. 长江水质地球化学[J]. 地学前缘, 2006b, 13(1): 74-85.

[310] 陈骏,王鹤年.地球化学[M].北京:科学出版社,2004.

[311] 陈立,吴门伍.三峡工程蓄水运用对长江口径流来沙的影响[J].长江流域资源与环境,2003,12(001):50-54.

[312] 陈显维,许全喜,陈泽方.三峡水库蓄水以来进出库水沙特性分析[J].人民长江,2006,37(008):1-3.

[313] 戴仕宝,杨世伦.近50年来长江水资源特征变化分析[J].自然资源学报,2006,21(4):501-506.

[314] 邓伟.长江河源区水化学基本特征的研究[J].地理科学,1988,8(4):363-369.

[315] 窦衍光.28 ka以来冲绳海槽中部和南部陆源沉积物的从源到汇过程及环境响应[D].上海:同济大学,2010.

[316] 符超峰,强小科,宋友桂,等.磁学方法及其在环境污染研究中的应用[J].东华理工大学学报(自然科学版),2008,31(3):249-255.

[317] 高抒.美国《洋陆边缘科学计划2004》述评[J].海洋地质与第四纪地质,2005,25(1):119-123.

[318] 韩贵琳,刘丛强.贵州乌江水系的水文地球化学研究[J].中国岩溶,2000,19(1):35-43.

[319] 何梦颖.长江流域现代沉积物物源示踪研究[D].上海:同济大学,2011.

[320] 黄昌勇.土壤学[M].北京:中国农业出版社,2000.

[321] 季峻峰,陈骏,刘连文,等.黄土剖面中赤铁矿和针铁矿的定量分析与气候干湿变化研究[J].第四纪研究,2007,27(2):221-229.

[322] 康春国,李长安,邵磊.江汉平原主要河流沉积物重矿物特征与物源区岩性的响应[J].第四纪研究,2009,29(2):334-342.

[323] 乐嘉祥,王德春.中国河流水化学特征[J].地理学报,1963,29(1):1-12.

[324] 李丹,邓兵,张国森,等.近年来长江口水体主离子的变化特征及影响因素分析[J].华东师范大学学报(自然科学版),2010,2:34-42.

[325] 李丹.中国东部若干入海河流水化学特征与入海通量研究[D].上海:华东师范大学,2009.

[326] 李晶莹,张经.流域盆地的风化作用与全球气候变化[J].地球科学进展, 2002,17(3):411-419.

[327] 李晶莹.中国主要流域盆地的风化剥蚀作用与大气 CO_2 的消耗及其影响因 子研究[J].青岛:中国海洋大学,2003.

[328] 李景保.洞庭湖水系离子径流与化学剥蚀的研究[J].地理科学,1989,9(3): 242-251.

[329] 李令军,高庆生.2000 年北京沙尘暴源地解析[J].环境科学研究,2001, 14(002):1-3.

[330] 李庆逵.中国红壤[M].北京:科学出版社,1983.

[331] 李铁刚,曹奇原,李安春,等.从源到汇:大陆边缘的沉积作用[J].地球科学 进展,2003,18(005):713-721.

[332] 李义天,李荣,邓金运.长江中游泥沙输移规律及对防洪影响研究[J].泥沙 研究,2000,3:12-20.

[333] 林承坤.长江口泥沙的来源分析与数量计算[J].泥沙研究,1984,2:22-31.

[334] 林晓彤,李巍然,时振波.黄河物源碎屑沉积物的重矿物特征[J].海洋地质 与第四纪地质,2003,23(3):17-21.

[335] 刘会平.长江流域地貌类型研究[J].华中师范大学学报(自然科学版), 1994,28(1):129-132.

[336] 刘健,秦华峰,孔祥淮,等.黄东海陆架及朝鲜海峡泥质沉积物的磁学特征比 较研究[J].第四纪研究,2007,27(006):1031-1039.

[337] 刘连文,郑洪波,蒉知滑.南海沉积物漫反射光谱反映的 220 ka 以来东亚夏 季风变迁[J].地球科学:中国地质大学学报,2005,30(5):543-549.

[338] 刘明,范德江,长江.黄河入海沉积物中元素组成的对比[J].海洋科学进展, 2009,27(1):42-50.

[339] 卢升高,俞立中.长江中下游第四纪沉积物发育土壤磁性增强的环境磁学机 制[J].沉积学报,2000,18(3):336-340.

[340] 吕全荣.长江口细颗粒沉积物的矿物特征和沉积分异[J].上海地质,1992, (3):18-25.

[341] 茅昌平.长江流域沉积物(悬浮物)的地球化学[D].南京:南京大学,2009.

[342] 牛军利,杨作升,李云海,等.长江与黄河河口沉积物环境磁学特征及其对比研究[J].海洋科学,2008,32(4):24-30.

[343] 秦蕴珊.东海地质[M].北京:科学出版社,1987.

[344] 屈翠辉,郑建勋,杨绍晋.黄河,长江,珠江下游控制站悬浮物的化学成分及其制约因素的研究[J].科学通报,1984,29(17):1063-1066.

[345] 沈焕庭,张超.长江入河口区水沙通量变化规律[J].海洋与湖沼,2000,31(3):288-294.

[346] 沈晓华,邹乐君.长江河道分形与流域构造特征的关系[J].浙江大学学报(理学版),2001,28(1):107-111.

[347] 沈振兴,季峻峰.大气粉尘气溶胶中铁氧化物的光谱分析[J].海洋地质与第四纪地质,2003,23(1):103-107.

[348] 沈振兴,张小曳,季峻峰,等.中国北方粉尘气溶胶中铁氧化物矿物的光谱分析[J].自然科学进展,2004,14(8):910-916.

[349] 史德明.长江流域土壤侵蚀的特点及其潜在危险[J].中国水土保持,1983,3:3-6.

[350] 史志华,蔡崇法.红壤丘陵区土地利用变化对土壤质量影响[J].长江流域资源与环境,2001,10(6):537-543.

[351] 水利部长江水利委员会.长江流域及西南诸河水资源公报[M].武汉:长江出版社,2008b.

[352] 水利部长江水利委员会.长江泥沙公报[M].武汉:长江出版社,2008a.

[353] 水利部长江水利委员会.长江泥沙公报[M].武汉:长江出版社,2009.

[354] 四川省地质矿产局攀西地质大队.四川红格钒钛磁铁矿床成矿条件及地质特征[M].北京:地质出版社,1987.

[355] 宋照亮,刘丛强,彭渤,等.逐级提取(SEE)技术及其在沉积物和土壤元素形态研究中的应用[J].地球与环境,2004,32(2):70-77.

[356] 孙白云.长江、黄河和珠江三角洲沉积物中碎屑矿物的组合特征[J].海洋地质与第四纪地质,1990,10(3):23-34.

[357] 万新宁,李九发,何青,等.长江中下游水沙通量变化规律[J].泥沙研究, 2003,4：29-35.

[358] 汪齐连,刘丛强,赵志琦,等.长江流域河水和悬浮物的锂同位素地球化学研究[J].地球科学进展,2008,23(9)：952-958.

[359] 王辉,郑祥民,王晓勇,等.长江中下游干流河底沉积物环境磁性特征[J].第四纪研究,2008,28(4)：640-648.

[360] 王亚平,黄毅,王苏明,等.土壤和沉积物中元素的化学形态及其顺序提取法[J].地质通报,2005,24(8)：728-734.

[361] 王亚平,王岚,许春雪,等.长江水系水文地球化学特征及主要离子的化学成因[J].地质通报,2010,(2)：446-456.

[362] 王永红,沈焕庭,张卫国.长江与黄河河口沉积物磁性特征对比的初步研究[J].沉积学报,2004,22(4)：658-663.

[363] 王张华,Liu J P,赵宝成.全新世长江泥沙堆积的时空分布及通量估算[J].古地理学报,2007,9(4)：419-429.

[364] 王中波,杨守业,李萍,等.长江水系沉积物碎屑矿物组成及其示踪意义[J].沉积学报,2006,24(4)：570-578.

[365] 王中波,杨守业,王汝成,等.长江河流沉积物磁铁矿化学组成及其物源示踪[J].地球化学,2007,36(2)：176-184.

[366] 吴德星,兰健.中国东部陆架边缘海海洋物理环境演变及其环境效应[J].地球科学进展,2006,21(7)：667-672.

[367] 夏星辉,张利田,陈静生.岩性和气候条件对长江水系河水主要离子化学的影响[J].北京大学学报(自然科学版),2000,36(2)：246-252.

[368] 夏学齐,杨忠芳,王亚平,等.长江水系河水主要离子化学特征[J].地学前缘,2008,15(5)：194-202.

[369] 许炯心.长江宜昌—武汉河段泥沙年冲淤量对水沙变化的响应[J].地理学报,2005,60(2)：337-348.

[370] 许越先.中国入海离子径流量的初步估算及其影响因素分析[J].地理科学, 1984,4(3)：213-217.

[371] 闫海涛,胡守云,朱育新.磁学方法在环境污染研究中的应用[J].地球科学进展,2004,19(2):230-236.

[372] 杨守业,李从先. Elemental composition in the sediments of the Yangtze and the Yellow Rivers and their tracing implication[J]. Progress in Natural Science,2000,10(8):612-618.

[373] 杨守业,李从先.长江与黄河沉积物元素组成及地质背景[J].海洋地质与第四纪地质,1999,19(2):19-26.

[374] 杨守业,Hoi-Soo J,李从先,等.黄河、长江与韩国Keum、Yeongsan江沉积物常量元素地球化学特征[J].地球化学,2004,33(1):99-105.

[375] 杨守业,蒋少涌,凌洪飞,等.长江河流沉积物Sr-Nd同位素组成与物源示踪[J].中国科学(D辑:地球科学),2007,(5):682-690.

[376] 杨守业,李从先,刘曙光. Chemical Fluxes of Asian Rivers into Oceans and their Controlling Factors[J]. Marine Science Bulletin,2001,(2):30-37.

[377] 杨守业,李从先,朱金初,等.长江与黄河沉积物中磁铁矿成分标型意义[J].地球化学,2000a,29(5):480-484.

[378] 杨守业,刘曙光,李从先.亚洲入海河流的化学通量及其控制因素[J].海洋通报,2000b,(4):22-28.

[379] 杨守业.亚洲主要河流的沉积地球化学示踪研究进展[J].地球科学进展,2006,21(6):648-655.

[380] 殷鸿福,陈国金,李长安,等.长江中游的泥沙淤积问题[J].中国科学D辑,2004,34(3):195-209.

[381] 余华.冲绳海槽中部37 Cal ka BP以来的古气候和古海洋环境研究[D].青岛:中国海洋大学,2006.

[382] 俞劲炎,卢升高.土壤磁学[M].南昌:江西科技出版社,1991.

[383] 张朝生.长江与黄河沉积物金属元素地球化学特征及其比较[J].地理学报,1998,53(4):314-322.

[384] 张经.中国主要河口的生物地球化学研究[M].北京:海洋出版社,1997.

[385] 张立成,董文江.我国东部河水的化学地理特征[J].地理研究,1990,9(2):

67 - 75.

[386] 张立成,董文江,王李平. 长江水系河水的地球化学特征[J]. 地理学报,1992,47(3):220 - 232.

[387] 张录军,钱永甫. 长江流域汛期降水集中程度和洪涝关系研究[J]. 地球物理学报,2004,47(4):622 - 630.

[388] 张群英,林峰,李迅,等. 中国东南沿海地区河流中的主要化学组分及其入海通量[J]. 海洋学报(中文版),1985,7(5):561 - 566.

[389] 张瑞,汪亚平,潘少明. 近 50 年来长江入河口区含沙量和输沙量的变化趋势[J]. 海洋通报,2008,27(2):1 - 9.

[390] 张卫国,俞立中. 环境磁学研究的简介[J]. 地球物理学进展,1995,10(3):95 - 105.

[391] 张卫国,俞立中,陆敏. 长江口潮滩沉积物氧化铁与磁性特征的关系[J]. 地球物理学报,2003,46(1):79 - 85.

[392] 赵继昌,耿冬青,彭建华,等. 长江河源区的河水主要元素与 Sr 同位素来源[J]. 水文地质工程地质,2003,30(2):89 - 93.

[393] 赵一阳,鄢明才. 中国浅海沉积物地球化学[M]. 北京:科学出版社,1994.

[394] 郑妍,张世红. 北京市区尘土与表土的磁学性质及其环境意义[J]. 科学通报,2007,52(20):2399 - 2406.

[395] 中华人民共和国水利部. 中国河流泥沙公报[M]. 北京,2002.

[396] 周立旻,郑祥民,王辉,等. 长江中下游河流沉积物磁性特征初探[J]. 华东师范大学学报(自然科学版),2008,(6):24 - 31.

[397] 朱先芳,李祥玉,栾玲. 化学风化研究的进展[J]. 首都师范大学学报(自然科学版),2010,31(3):40 - 46.

后 记

"未觉池塘春草梦，阶前梧叶已秋声。"——朱熹（宋）

随着本书的尘埃落定，突然有一种如释重负的轻松，同时又有一种说不出的感觉，是喜悦，是惆怅……。一百多天的挑灯夜读，奋笔疾书，最终凝聚成了本书，或许只有我自己才知道它真正的分量。窗外月朗星稀，喧嚣的城市只有在此刻才显得如此宁静。这只是我研究生涯中最普通的一个夜晚，从三年前踏入同济的那一刻，我将注定了这种生活。

人生是由无数个偶然组成，而这些看似无序的偶然或许正是冥冥中的必然。五年前，在不莱梅大学第一次与同济大学杨守业教授的相遇，就注定了我与杨老师的不解之缘。2008 年，当我决心选择科研这条道路时，又是杨老师为我提供了这个机会。杨老师治学严谨，思路开阔，在学术上和生活上，给予了我最大的鼓励和支持。尤其是杨老师对生活的独到见解，乐观积极的人生态度，更是深深吸引着我，坚定了我在科研道路上奋斗终生的信念。我庆幸求学道路上能有这样的师长指导我，帮助我，这是我一生受用的财富。

感谢同济大学海洋学院沉积组李从先教授，蔡进功教授，范代读教授。我所取得的每一点成绩，都离不开沉积组大家庭各位老师的帮助和指导。感谢高磊、王中波、窦衍光、刘峰、闫建平、樊馥、许斐、展望、火苗、徐冠华、王权、邵菁清、张凤、朱晓军、舒劲松、王晓丹、张梦莹、王扬扬等各位兄弟姐妹，你们让我在同济的生活丰富多彩。感谢室友丁飞，我们一起在那艰苦的博士宿舍度过了三年难忘的岁月，分享了在同济的酸甜苦辣。

感谢华东师范大学张卫国教授、南京大学季峻峰教授在论文实验过程中给予的帮助和指导。感谢台湾中央研究院的高树基研究员、三峡大学肖尚斌教授、中科院地球环境研究所孙有斌研究员、中科院地质与地球物理研究所郑妍博士、南通大学钱鹏博士在样品采集和提供过程中无私的贡献。另外，感谢台湾中央研究院扈治安研究员、Indian Institute of Technology Roorkee 的 Govind Chakrapani 教授多次给予的研究建议。

感谢远在加拿大 University of British Columbia 的 Roger Francois 教授、Dominique Weis 教授、Maureen Soon、Jane Barling、罗一鸣、Sophie Darfeuil 等对我在 UBC 工作过程中的帮助。

感谢父母对我的理解和支持。我像一艘漂泊的小船，正努力驶向梦想之岛，也许前面是世外桃源，也许只是海市蜃楼，但不论前途如何，身后的家永远是我避风的港湾。